Onde di polso

Paolo Salvi

Onde di polso

Come l'emodinamica vascolare determina
la pressione arteriosa

Presentazione a cura di
Alberto Zanchetti

 Springer

Paolo Salvi
Dipartimento di Cardiologia
IRCCS Istituto Auxologico Italiano
Milano
e-mail: salvi.pulsewaves@gmail.com

ISBN 978-88-470-2423-6   ISBN 978-88-470-2424-3 (eBook)

DOI 10.1007/978-88-470-2424-3

© Springer-Verlag Italia 2012

9 8 7 6 5 4 3 2 1   2012 2013 2014

Copertina: Ikona S.r.l., Milano

Impaginazione: Graphostudio, Milano
Stampa: Grafiche Porpora S.r.l., Segrate (MI)

Springer-Verlag Italia S.r.l., Via Decembrio 28, I-20137 Milano
Springer fa parte di Springer Science+Business Media (www.springer.com)

A mia moglie Marna,
ogni giorno ringrazio il Signore
per avermela posta accanto.

Presentazione

Sono molto lieto di presentare il volume di Paolo Salvi *Onde di polso*, che riassume così brillantemente l'emodinamica dell'ipertensione e gli aspetti emodinamici della terapia antipertensiva. Questa presentazione è davvero una felice occasione per considerare una volta ancora quanto siano variabili nel tempo gli approcci grazie ai quali progredisce la conoscenza scientifica: cioè l'alternarsi dell'elaborazione di modelli complessi, che vengono successivamente semplificati, per giungere poi a riconoscere che nuovi fattori, nuovi meccanismi devono entrare nel modello, affinché questo meglio rappresenti la realtà.

I padri fondatori della fisiologia cardiovascolare erano ben consci della complessità delle componenti emodinamiche della pressione arteriosa, e i modelli da loro sviluppati cercavano di tener in conto tutti i meccanismi conosciuti. Durante la seconda metà del XX secolo, quando la pressione arteriosa divenne un argomento di vivo interesse clinico e l'obiettivo di interventi terapeutici, il modello emodinamico operativo fu notevolmente semplificato e ridotto a quello di una pompa che lavora contro delle resistenze periferiche vascolari. Sebbene questo modello rappresenti certamente un'eccessiva semplificazione, non si può negare che esso abbia contribuito grandemente al conseguimento di uno dei maggiori successi della medicina del secolo scorso, cioè l'efficace riduzione del principale fattore di rischio delle malattie cardiovascolari, la pressione arteriosa elevata.

Come conseguenza dell'attenzione crescente che si è prestata, in questi ultimi anni, all'ipertensione dell'anziano, è stato anche troppo facile comprendere che il modello semplificato, che era stato così utile a sviluppare la terapia antipertensiva attuale, nondimeno aveva delle ovvie limitazioni, e che per riuscire a comprendere l'aumento della pressione arteriosa in relazione all'invecchiamento bisognava aggiungere altre complessità emodinamiche al modello presente.

Paolo Salvi, che nella ricerca in questa nuova aerea è sempre stato all'avanguardia, merita un elogio speciale per aver voluto richiamare l'attenzione dei medici sulla complessità dei meccanismi emodinamici e per aver saputo farlo con uno stile così chiaro ed efficace. Il lettore troverà in questo volume una chiara spiegazione del ruolo delle grandi arterie in aggiunta a quello della pompa cardiaca e a quello delle resistenze vascolari, del ruolo della riflessione dell'onda di polso, delle possibili differenze tra pressione arteriosa periferica e centrale, delle nuove tecniche, dei nuovi apparecchi che ci permettono una più precisa valutazione del quadro emodinamico dell'iperteso.

Il progresso scientifico per sua natura genera non solo nuove conoscenze, ma anche nuove sfide. Per gli esperti dell'ipertensione la sfida maggiore è quella di riuscire a dimostrare che i nuovi modelli, i nuovi strumenti, le nuove misure possono realmente migliorare le nostre capacità di diagnosticare e trattare gli ipertesi, e ulteriormente prolungare il loro stato di salute.

Milano, gennaio 2012   Alberto Zanchetti
                                                            Direttore Scientifico
                                           IRCCS Istituto Auxologico Italiano
                                                                       Milano

Indice

Introduzione

Sembra oramai lontano il tempo in cui l'ipertensione arteriosa veniva considerata una temuta malattia, le cui complicanze anche fatali erano all'ordine del giorno. Il progredire delle conoscenze mediche e della ricerca scientifica ha portato alla scoperta di armi sempre più efficaci per il controllo dei valori pressori, mentre l'educazione sanitaria e la cultura della salute focalizzano continuamente l'attenzione sull'opportunità di tenere la pressione arteriosa sotto controllo.

Abbiamo quindi incominciato a considerare l'ipertensione arteriosa non più come un evento patologico isolato, ma all'interno di un contesto più ampio di prevenzione. L'ipertensione è quindi trattata ora come uno dei principali fattori di rischio per le patologie cardiovascolari, in particolare l'infarto miocardico e l'ictus cerebrale.

Per il futuro dobbiamo prepararci a un'ulteriore evoluzione, considerando l'ipertensione come un sintomo (Fig. 1.1). Questo concetto porterà a rivoluzionare radicalmente l'approccio al paziente iperteso, in quanto induce a esplorare e comprendere gli eventi fisiopatologici che determinano l'incremento dei valori pressori. Di fronte a un paziente con pressione arteriosa elevata non dovremo più limitarci alla semplice normalizzazione dei valori pressori, ma saremo indotti a comprendere e possibilmente anche a risolvere le cause emo-

Fig. 1.1 Evoluzione del concetto di ipertensione arteriosa

P. Salvi, *Onde di polso*,
© Springer-Verlag Italia 2012

dinamiche che hanno determinato l'aumento di tali valori. In questa ottica anche la terapia sarà orientata a intervenire sugli elementi emodinamici e a risolvere i principali fattori causali dell'ipertensione.

Grazie alla ricerca clinica in questi ultimi decenni abbiamo assistito a un radicale cambiamento delle conoscenze scientifiche, che hanno portato a modificare drasticamente l'approccio al paziente iperteso. Recentemente risultati di grandi trial clinici hanno posto l'accento su aspetti peculiari dell'emodinamica vascolare, sottolineando l'importanza delle proprietà meccaniche dell'aorta e dei grossi tronchi arteriosi, della pressione arteriosa centrale, del fenomeno di amplificazione, della pressione incrementale, ecc. Per comprendere tutti questi elementi è necessaria una conoscenza di base di fisiopatologia cardiovascolare, e in particolare dell'emodinamica vascolare.

Questo volume vuole essere uno strumento semplice e comprensibile in grado di fornire le nozioni di base della fisiopatologia dell'emodinamica vascolare, per favorire un migliore approccio integrato al paziente iperteso. Questa modalità didattica richiede talora semplificazioni ai limiti della "banalizzazione". L'obiettivo resta comunque quello di trasmettere messaggi chiari e comprensibili a tutti.

L'autore cercherà di prendere per mano il lettore, andando alla scoperta degli elementi determinanti la pressione arteriosa, in una sorta di cammino, che inizia con la definizione di pressione arteriosa media e prosegue quindi con l'analisi degli elementi che definiscono la pressione pulsatoria, iniziando a familiarizzare con un concetto "dinamico" di pressione arteriosa. Saranno analizzate di seguito la componente diretta e la componente riflessa della pressione, fornendo al lettore gli strumenti per leggere autonomamente la morfologia dell'onda pressoria centrale e comprendere il rapporto tra pressione arteriosa periferica e pressione arteriosa centrale.

Si ringrazia sin da ora chi vorrà segnalare parti incomplete, poco chiare o eventuali errori e mancanze; tutti gli eventuali suggerimenti verranno presi in considerazione nelle successive edizioni, al fine di migliorarne la qualità espositiva. Eventuali segnalazioni possono essere indirizzate alla seguente mail: *salvi.pulsewaves@gmail.com.*

Aiuto alla lettura
Sono presenti nel testo numerosi paragrafi, racchiusi in box con sfondo grigio, scritti in corsivo: si tratta di approfondimenti, talora un po' complessi, che potrebbero anche essere saltati senza che ne soffra la comprensione del testo. Si consiglia comunque di leggerli: si tratta a volte di curiosità, a volte di elementi che aiutano nella comprensione di alcuni parametri fisici e matematici, elementi che potrebbero essere utili nella ricerca e nella pratica clinica. La lettura di queste parti è raccomandata soprattutto agli operatori che svolgono la loro attività clinica e di ricerca utilizzando metodiche mirate allo studio delle proprietà viscoelastiche delle grandi arterie.

La pressione arteriosa media

Possiamo considerare il sistema cardiovascolare come un semplice circuito idraulico, in cui è presente una pompa (cuore) ad attività ritmica (sistole → diastole → sistole...), che spinge un liquido (sangue) in un tubo (aorta), che si divide ripetutamente (arterie periferiche → arteriole → capillari) fino a raggiungere i distretti più lontani (tessuti).

Questo circuito idraulico presenta evidenti analogie con un circuito elettrico elementare, tanto che modelli elettrici sono spesso utilizzati per studiare i fenomeni di emodinamica cardiovascolare.

Secondo la Legge di Ohm (Fig. 2.1), in un circuito elettrico la differenza di potenziale agli estremi del sistema ($\Delta V = V_1 - V_2$) è definita dal prodotto dell'intensità di corrente fornita (I) per la resistenza (R):

$$\Delta V = I \cdot R$$

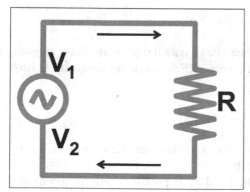

Fig. 2.1 Schema di circuito elettrico elementare

P. Salvi, *Onde di polso*,
© Springer-Verlag Italia 2012

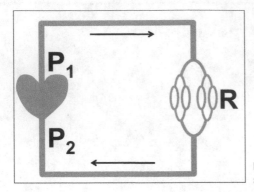

Fig. 2.2 Schema della circolazione sistemica

Una condizione analoga si verifica nel sistema cardiovascolare (Fig. 2.2), e la legge che definisce la pressione arteriosa deriva direttamente dalla legge di Ohm:

- la differenza di potenziale agli estremi del circuito elettrico ($\Delta V = V_1 - V_2$) è rappresentata dalla differenza di pressione agli estremi della circolazione sistemica ($\Delta P = P_1 - P_2$);
- l'intensità di corrente fornita (I) dalla portata cardiaca (Pc);
- la resistenza (R) dalle resistenze vascolari periferiche totali (Rp); pertanto:

$$\Delta P = Pc \cdot Rp$$

Poiché la pressione venosa in prossimità del ritorno al cuore è molto bassa, possiamo considerare il valore di pressione come il valore della pressione arteriosa in aorta ascendente (PA), pertanto la formula è semplificabile in:

$$PA = Pc \cdot Rp$$

Dal momento che la portata cardiaca (Pc) è data dal prodotto della singola gettata sistolica (Gs) per la frequenza cardiaca (Fc), possiamo riscrivere la formula come:

$$PA = Gs \cdot Fc \cdot Rp$$

dove: PA = pressione arteriosa; Gs = gettata sistolica; Fc = frequenza cardiaca; Rp = resistenze periferiche totali.

Dobbiamo tuttavia considerare che i valori di pressione arteriosa variano durante il ciclo cardiaco, per cui il termine "PA" definito nella suddetta formula si riferisce alla pressione arteriosa media (PAM), quindi:

$$PAM = Gs \cdot Fc \cdot Rp$$

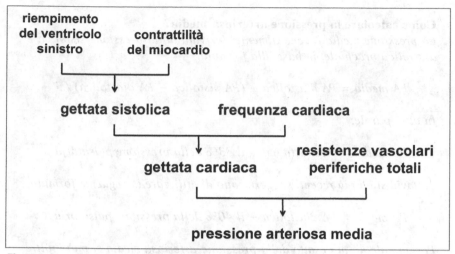

Fig. 2.3 I fattori determinanti la pressione arteriosa media

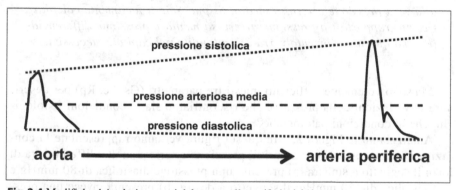

Fig. 2.4 Modifiche dei valori pressori dal centro alla periferia del sistema arterioso

In base a questa formula sembrerebbe che i valori di pressione arteriosa siano dipendenti da soli tre parametri: la frequenza cardiaca, la gettata sistolica e le resistenze vascolari periferiche (Fig. 2.3). Per decenni, sia nella ricerca che nella pratica clinica, tutte le attenzioni sono state focalizzate su questi tre fattori determinanti la pressione arteriosa media.

La pressione media è certamente un parametro molto importante; inoltre una sua caratteristica, che la rende ancora più "interessante", è la sua relativa "stabilità" nell'albero arterioso, ovvero il valore della pressione media tende a rimanere immutato lungo tutto il sistema arterioso, dall'aorta ascendente alle arterie periferiche (Fig. 2.4).

Come calcolare la pressione arteriosa media?
La pressione media è generalmente derivata dalla pressione sistolica e diastolica brachiale, in base alla formula:

PA media = PA diastolica + (PA sistolica − PA diastolica) / 3

In altre parole:

PA media = PA diastolica + il 33% della pressione pulsatoria

Tuttavia studi più recenti suggeriscono di utilizzare la seguente formula:

PA media = PA diastolica + il 40% della pressione pulsatoria

Per un calcolo più esatto della pressione arteriosa media si può inoltre ricorrere alla registrazione della curva pressoria a livello dell'arteria brachiale con un tonometro. Una volta acquisita la curva pressoria in arteria brachiale, si determina l'integrale della curva, che corrisponde alla vera pressione arteriosa media. Si può quindi facilmente calcolare l'esatto rapporto tra pressione arteriosa media e pressione differenziale… ma questo argomento verrà approfondito nei capitoli successivi.

Ma sono veramente sufficienti questi tre parametri (Gs, Fc, Rp) per descrivere le variazioni della pressione che riscontriamo sia in condizioni fisiologiche che in condizioni patologiche?

Analizziamo la Figura 2.5. In questa figura vediamo rappresentate la condizione di due soggetti con valori di pressione arteriosa molto differenti tra di loro: il soggetto a sinistra (a) presenta una pressione diastolica di 80 mmHg e una sistolica di 130 mmHg; il soggetto a destra (b) presenta invece una pressione diastolica di 60 mmHg e una sistolica di 160 mmHg. Il soggetto "a" ha quindi valori pressori entro i limiti della normalità, mentre il soggetto "b" è caratterizzato da una condizione di franca ipertensione sistolica isolata; tuttavia entrambi presentano gli stessi valori di pressione media (100 mmHg) ed entrambi potrebbero avere i medesimi valori di frequenza cardiaca, la stessa gettata sistolica e identiche resistenze vascolari periferiche. Dunque a un medesimo valore di pressione media possono corrispondere differenti livelli pressori.

Questo esempio è sufficiente a rispondere al quesito precedentemente posto; i tre parametri:
- frequenza cardiaca
- gettata sistolica
- resistenze vascolari periferiche

definiscono la pressione arteriosa media, ma non sono da soli sufficienti a giustificare i valori di pressione arteriosa. Introduciamo quindi il concetto di pressione pulsatoria.

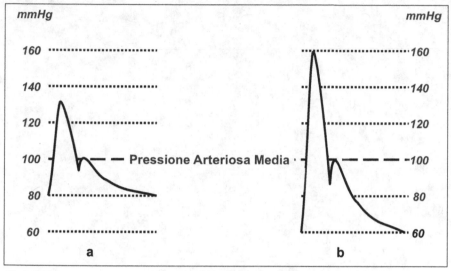

Fig. 2.5 Esempio di due soggetti con gli stessi valori di pressione media: **a**, soggetto normoteso; **b**, soggetto con ipertensione sistolica isolata. Le curve sono state registrate in arteria brachiale

La pressione pulsatoria

3

Una corretta analisi dell'emodinamica cardiovascolare non può prescindere dal riconoscere nella pressione arteriosa due componenti distinte ma interdipendenti (Figg. 3.1 e 3.2):

- una componente stabile, che è la pressione arteriosa media;
- una componente pulsata (definita come pressione pulsatoria [PP] o pressione differenziale), che rappresenta la variazione dei valori pressori intorno al valore della pressione media.

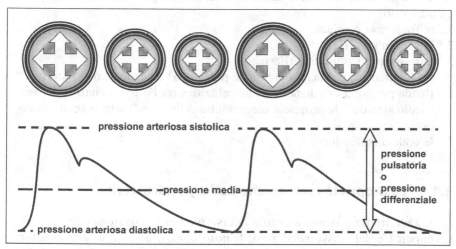

Fig. 3.1 Pressione arteriosa media e pressione pulsatoria. *Nella parte superiore della figura* è stata schematizzata la variazione della sezione di una grande arteria durante un ciclo cardiaco

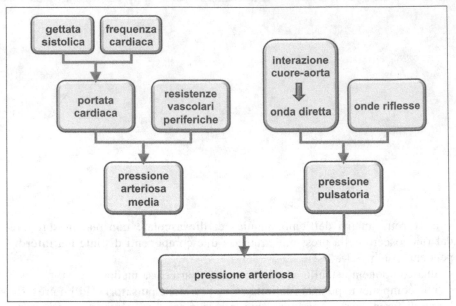

Fig. 3.2 Fattori emodinamici che determinano la pressione arteriosa

Come abbiamo visto, la componente stabile (la pressione media) dipende da tre fattori:
1. la frequenza cardiaca;
2. la gettata sistolica;
3. le resistenze vascolari periferiche.

La componente pulsata (la pressione pulsatoria) dipende da due fattori:
1. l'onda pressoria originata dall'interrelazione tra l'attività eiettiva del ventricolo sinistro e le proprietà meccaniche delle grandi arterie (onda diretta);
2. le onde di riflessione.

3.1   Le proprietà meccaniche delle grandi arterie

Le grandi arterie giocano un ruolo decisivo nella regolazione della pressione ematica e del flusso periferico. È noto come l'aorta e le grandi arterie abbiano non solo la funzione di trasportare passivamente il sangue ossigenato dal cuore alla periferia, ma anche una funzione tampone, poiché, grazie alle loro proprietà viscoelastiche, sono in grado di attenuare l'intensità della gettata sistolica del ventricolo sinistro. Ciascuna rivoluzione cardiaca infatti alterna una fase di contrazione ventricolare, nel corso della quale un certo volume di sangue è brutalmente gettato nel sistema arterioso (sistole), a una fase di rilasciamento (diastole), in cui si verifica il riempimento ventricolare.

I grossi tronchi arteriosi hanno quindi il compito di ammortizzare la pulsatilitá della gettata sistolica e trasformare il regime ritmico, intermittente e discontinuo della pompa cardiaca in un regime continuo (Fig. 3.3). Infatti, dopo la gettata sistolica e la chiusura delle valvole aortiche, una gran parte di sangue resta "stoccata" in aorta e nei grossi tronchi arteriosi, per essere successivamente liberata durante la diastole (fenomeno Windkessel), permettendo così anche nella fase diastolica il mantenimento di adeguati livelli pressori.

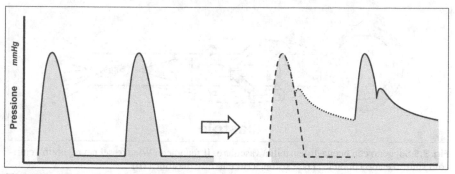

Fig. 3.3 ... da pressione intermittente (ventricolo sinistro) a pressione continua (aorta)

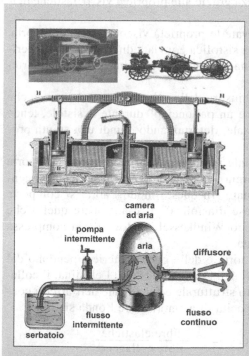

Fig. 3.4 Il fenomeno Windkessel

Fenomeno Windkessel

Tale termine (composto dalle parole Wind = *aria e* Kessel = *cisterna) si riferisce al sistema utilizzato dai carri dei pompieri fino all'inizio del secolo scorso, grazie al quale a fronte di un'attività intermittente di pompa, l'acqua veniva invece spruzzata in maniera continua; questo avveniva grazie a un geniale sistema in cui, durante la fase eiettiva della pompa, l'acqua era solo in parte espulsa all'esterno, mentre in gran parte veniva immagazzinata in una cisterna chiusa dove era presente dell'aria, che veniva quindi compressa; durante la fase di aspirazione, l'aria, compressa nella cisterna, spingeva l'acqua verso l'esterno (Fig. 3.4), garantendo un flusso continuo e omogeneo.*

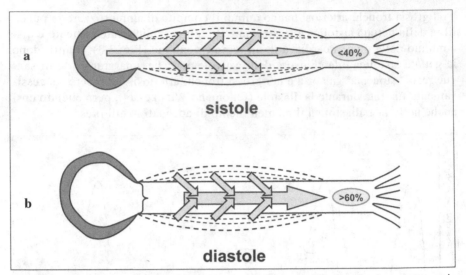

Fig. 3.5 Soggetto con buona distensibilità vascolare. Il fenomeno Windkessel nel rapporto ventricolo sinistro e aorta durante la fase sistolica (**a**) e la fase diastolica (**b**)

Il passaggio da un flusso intermittente, all'uscita del cuore, a un flusso continuo, a livello degli organi, si realizza grazie alle proprietà viscoelastiche dell'aorta e delle grandi arterie.

In condizioni in cui sono conservate le proprietà viscoelastiche dell'aorta, solo una quantità ridotta della gittata sistolica è inviata direttamente alla periferia, mentre la maggior parte è "immagazzinata" nel sistema delle grandi arterie elastiche (Fig. 3.5*a*).

Durante la fase diastolica, alla chiusura delle valvole aortiche, l'aorta, che era stata "riempita" e "gonfiata come un palloncino" durante la sistole, tende a ritornare allo stato di tensione basale, determinando quindi una spinta propulsiva verso la periferia (Fig. 3.5*b*).

In altre parole: l'energia potenziale immagazzinata nelle pareti dell'aorta nella fase sistolica si converte in energia cinetica nella fase diastolica, spingendo in circolo il sangue immagazzinato. In questo modo l'aorta si comporta come una sorta di "pompa della fase diastolica". È esattamente quello che abbiamo visto accadere nel fenomeno Windkessel, là dove l'aria compressa spinge l'acqua all'esterno del sistema.

Le proprietà viscoelastiche dell'aorta e delle grandi arterie dipendono dal rapporto tra le componenti principali della parete arteriosa: l'elastina, il collagene e la muscolatura liscia. Lo stato strutturale e funzionale dell'arteria condiziona e definisce quindi la sua capacità di ammortizzare l'onda sistolica:

$$\text{proprietà viscoelastiche dell'aorta} \quad = \quad \frac{\text{fibre elastiche}}{\text{fibre collagene}}$$

Diverse situazioni parafisiologiche o patologiche possono modificare le caratteristiche anatomiche, strutturali e funzionali delle grandi arterie determi-

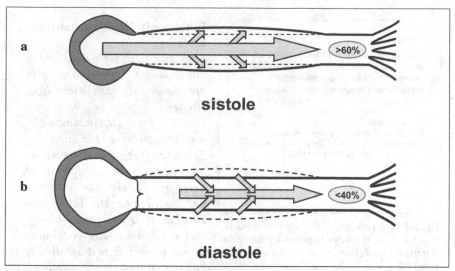

Fig. 3.6 Soggetto con ridotta distensibilità vascolare. Il fenomeno Windkessel nel rapporto ventricolo sinistro e aorta durante la fase sistolica (**a**) e la fase diastolica (**b**)

nandone un'alterazione delle proprietà meccaniche; in particolare l'età, l'ipertensione arteriosa; le alterazioni metaboliche e gli stati flogistici.

Modifiche delle proprietà viscoelastiche delle grandi arterie determinano una accentuata rigidità parietale e una ridotta elasticità dell'aorta e dei grossi tronchi arteriosi. In queste condizioni si riduce, talora anche drasticamente, la quota della gittata cardiaca che viene immagazzinata dall'aorta durante l'eiezione sistolica, mentre la maggior parte è "spinta" direttamente verso la periferia del sistema vascolare (Fig. 3.6a). Risulterà quindi ridotto l'effetto propulsivo dell'aorta durante la fase diastolica (Fig. 3.6b).

Questo fenomeno ha tre conseguenze importanti sulla pressione arteriosa (Fig. 3.7):
- l'incremento della pressione sistolica;
- la riduzione della pressione diastolica;
- il conseguente aumento della pressione differenziale (pressione pulsatoria).

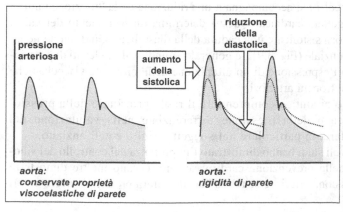

Fig. 3.7 Modifiche dei valori pressori in condizioni di rigidità vascolare

> *"L'aumento della pressione sistolica in presenza di una pressione diastolica normale o ridotta è raramente considerata responsabile di danno d'organo"*
>
> da: Engelman K e Bramwald E Elevation of Arterial Blood Pressure" Harrison's Principles of Internal Medicine Sesta edizione, 1970; capitolo 37

Fig. 3.8 Così negli anni '70 venivano considerate la pressione sistolica e la pressione diastolica: si tratta del giudizio di insigni cardiologi riportato sul più autorevole dei testi di medicina

I "falsi miti" dell'ipertensione arteriosa

Fino alla fine degli anni '80 si dava molta importanza alla pressione arteriosa diastolica, ritenendo che la pressione sistolica fosse di rilevanza clinica trascurabile (Fig. 3.8).

Tale impostazione si basava su una concezione di pressione arteriosa come conseguenza dell'interazione tra la gettata cardiaca e le resistenze vascolari periferiche. Rispecchiando quindi la pressione diastolica le condizioni delle resistenze periferiche, questa veniva considerata il principale punto di riferimento per una corretta valutazione dei valori pressori. Nella valutazione dei valori pressori era allora consolidato il concetto che "... l'importante è la pressione arteriosa diastolica ..." e che ".. la pressione giusta sistolica è di 100 mmHg + l'età del soggetto ...".

Una pressione arteriosa sistolica di 170 mmHg in un soggetto di 70 anni era considerata quindi un valore assolutamente normale, meglio se accompagnato da bassi valori di pressione arteriosa diastolica.

L'approccio emodinamico alla valutazione del "fenomeno ipertensione" ha rivoluzionato l'interpretazione e la considerazione dei valori della pressione arteriosa.

Pertanto, mentre un aumento delle resistenze vascolari periferiche determina un aumento sia della pressione arteriosa sistolica che della pressione diastolica, una maggiore rigidità vascolare si accompagna a una riduzione della "funzione tampone" dell'aorta sulla gettata cardiaca. Questo determina un incremento dei valori della pressione arteriosa sistolica e una caduta della diastolica, quindi un aumento della pressione differenziale (Fig. 3.9). In generale, quindi, valori elevati di pressione differenziale sono l'espressione di un'alterazione delle proprietà viscoelastiche dell'aorta e dei grossi tronchi arteriosi.

Questo fenomeno ci aiuta a comprendere il ruolo prioritario della pressione arteriosa sistolica e della pressione differenziale nella valutazione del rischio cardiovascolare, in particolare nel soggetto adulto e nell'anziano.

Numerosi autorevoli studi hanno dimostrato l'importanza del controllo dei valori pressori sistolici nella prevenzione cardiovascolare; è stato inoltre dimostrato come a parità di pressione arteriosa sistolica sia addirittura preferibile avere valori pressori diastolici elevati. Elevati valori di pressione differenziale si accompagnano a un accentuato rischio cardiovascolare. Lo studio Framingham ha dimostrato chiaramente come il rischio di incorrere in eventi coronarici acuti aumenti progressivamente con l'aumento della pressione differenziale (Fig. 3.10).

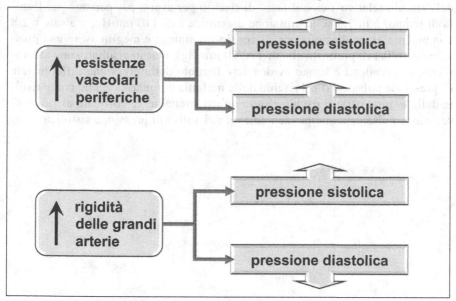

Fig. 3.9 Conseguenze dell'aumento delle resistenze periferiche e della rigidità arteriosa sulla pressione arteriosa

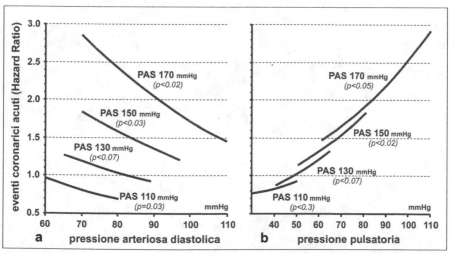

Fig. 3.10 Importanza della pressione sistolica e della pressione pulsatoria (o differenziale) sulla prevalenza di eventi coronarici acuti. **a** Relazione tra pressione arteriosa diastolica e la prevalenza di eventi coronarici acuti, per una data pressione arteriosa sistolica (*PAS*). **b** Relazione tra pressione pulsatoria (pressione sistolica – diastolica) e la prevalenza di eventi coronarici acuti, per una data pressione arteriosa sistolica. Dai risultati dello Studio Framingham (modificata da: Franklin e coll., Circulation, 1999)

Possiamo infatti osservare nella Figura 3.10*a* come per elevate pressioni sistoliche, il rischio di contrarre eventi coronarici acuti sia inversamente proporzionale ai valori della pressione diastolica: per esempio, con valori di pressione sistolica di 170 mmHg, l'*hazard ratio* (HR, che rappresenta una stima del "rischio relativo", cioè il tasso di rischio per eventi per persona per l'unità di tempo) è di 1,5 se la pressione diastolica è di 110 mmHg, ma sale a 2,8 con una pressione diastolica di 70 mmHg (in sintesi: è meglio avere una pressione di 170/110 piuttosto che di 170/70 mmHg). Questi risultati sono sicuramente sorprendenti e hanno evidenziato il ruolo della pressione differenziale (o pressione pulsatoria) nel rischio della malattia coronarica acuta: come risulta dalla Figura 3.10*b* il rischio risulta infatti strettamente correlato ai valori di pressione pulsatoria, indipendentemente dai valori di pressione sistolica.

Valutazione delle proprietà meccaniche delle grandi arterie

4.1   La velocità dell'onda di polso (PWV)

La misura della velocità di propagazione dell'onda di polso (*pulse wave velocity*, PWV) rappresenta un metodo semplice, non invasivo, riproducibile, supportato da un'ingente letteratura scientifica, per la misura della rigidità di uno specifico segmento arterioso.

L'onda di polso è trasmessa lungo i vasi arteriosi a una velocità che è inversamente proporzionale alle proprietà viscoelastiche della parete stessa: minore è l'elasticità di parete, più elevata risulterà la velocità di propagazione.

Il concetto di velocità dell'onda di polso non è sempre chiaro (neppure a tanti "addetti ai lavori"); incominciamo quindi a sgombrare il campo dall'equivoco più frequente:

la velocità dell'onda di polso non è la velocità del sangue

La velocità di scorrimento del sangue varia durante il ciclo cardiaco ed è dell'ordine di centimetri/secondo, mentre la velocità dell'onda di polso è dell'ordine di metri/secondo (con valori variabili da 4 a 30 m/s).

Purtroppo il termine "velocità" evoca l'immagine di qualche cosa che si muove, che viaggia. È pertanto comprensibile che quando si parla di velocità in campo cardiovascolare si sia portati a immaginare i globuli rossi come tante Ferrari che sfrecciano lungo l'aorta a velocità incredibili... Ma la velocità dell'onda di polso non è questo!

Per comprendere meglio cosa sia la velocità dell'onda di polso iniziamo intanto a cambiare il termine in "velocità di trasmissione dell'onda di polso", che evoca di più una trasmissione da segmento a segmento, piuttosto che qualcosa che si muove e che viaggia; come per esempio la velocità con la quale si propaga la vibrazione di una corda di violino o di chitarra.

P. Salvi, *Onde di polso*,
© Springer-Verlag Italia 2012

Proviamo ora a considerare la velocità dell'onda di polso come la trasmissione di un'onda di shock. Per comprendere meglio questo concetto immaginiamo di trovarci su di un treno fermo alla stazione. Il treno è lungo 250 metri (10 vagoni di 25 metri ciascuno) e noi siamo seduti sulla prima carrozza. A un certo punto sopraggiunge da dietro un altro treno che viaggia a 60 km/h e che impegna il nostro stesso binario: l'urto è inevitabile. È facile intuire che il tempo che passa tra l'urto e il fatto che noi siamo proiettati in avanti sia dell'ordine di millesimi di secondo, anche se siamo seduti a ben 250 metri dal punto di impatto. Possiamo considerare questo episodio come l'espressione della trasmissione di un'onda di shock. Se invece avessimo considerato la velocità di trasmissione dell'impatto assimilabile alla velocità del treno investitore, ci saremmo attesi di percepire l'urto dopo ben 15 secondi (avremmo avuto quindi tutto il tempo di scendere dal treno...). È facile comprendere come questa seconda interpretazione sia totalmente erronea!

Possiamo immaginare la circolazione arteriosa come una serie di "segmenti", dove ogni "segmento" rappresenta la gettata sistolica, cioè la quantità di sangue che viene espulsa dal cuore a ogni sistole; ognuno di questi "segmenti" può essere considerato l'analogo di un vagone del treno dell'esempio succitato. Ogni sistole rappresenta una locomotiva che arriva alla stazione e urta i vagoni presenti, creando quindi l'onda di shock che si trasmette lungo il binario (il sistema arterioso).

Per comprendere il concetto della velocità di trasmissione dell'onda di polso dobbiamo quindi concepire la velocità dell'onda di polso come un'onda di shock.

Una immagine che può aiutarci a comprendere il significato dell'onda d'urto che caratterizza la velocità dell'onda di polso è rappresentata dal gioco delle biglie di acciaio appese in serie a un'unica asta rigida, come rappresentato in Figura 4.1. Se prendiamo la prima biglia (A) e la solleviamo, per poi farla ricadere urtando la biglia successiva (B), si crea un'onda d'urto che ha come conseguenza il quasi immediato distacco dell'ultima biglia della serie (Q). Il tempo intercorso tra l'urto della prima biglia (A) sulla seconda biglia (B) e il tempo in cui l'ultima biglia (Q) si stacca dalla serie è di millesimi di secondi, e non ha alcun rapporto con la velocità con cui la prima biglia va a urtare la seconda.

Consideriamo quindi il nostro sistema vascolare come una serie di "unità" (le nostre biglie), dove ogni "unità" è correlata alla gettata sistolica, cioè la quantità di sangue che viene eiettata dal cuore a ogni sistole. Ogni sistole rappresenta una "unità" (una biglia) che viene gettata contro le altre, generando un'onda di shock che si trasmette lungo il sistema arterioso.

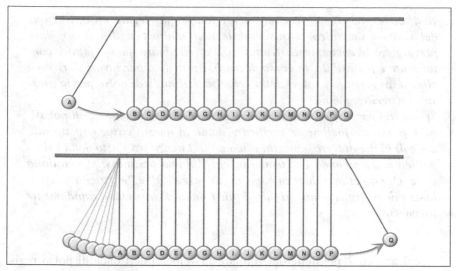

Fig. 4.1 Velocità dell'onda d'urto

Se non ci limitiamo a lasciare cadere la prima biglia contro la seconda, ma la spingiamo con forza, oppure la facciamo cadere da un'altezza più elevata, possiamo notare che questa maggiore energia d'urto non si accompagna a una modifica del tempo di latenza tra l'urto della prima biglia sulla seconda e il tempo in cui l'ultima biglia si stacca dalla serie. La velocità dell'onda d'urto (o onda di shock) è quindi indipendente dalla forza (dalla pressione) esercitata. In maniera analoga, il rapporto tra velocità dell'onda di polso e pressione arteriosa è secondario alle alterazioni organiche determinate dalla pressione arteriosa sulla struttura della parete arteriosa, quindi sul rapporto collagene/elastina, e non dipende tanto dai valori di pressione arteriosa presenti al momento dell'esame. Tuttavia condizioni caratterizzate da elevati valori pressori determinano uno stato di tensione e distensione della parete vascolare che ne condiziona le capacità elastiche e possono interferire sulla trasmissione dell'onda di polso.

La pressione arteriosa può influire sui valori di velocità dell'onda di polso per quella frazione funzionale rappresentata dalla variazione del tono muscolare di parete (nel caso delle arterie di medio calibro) o dal fatto che se un vaso elastico (aorta) è stato sovradisteso da valori pressori elevati, la sua parete può aver raggiunto il massimo diametro consentito e, quindi, essere entrata nella fase "rigida" del suo modulo elastico. Il ruolo della pressione al momento dell'esame è maggiore nei gio-

vani, dove prevalgono le componenti funzionali, legate all'attivazione del sistema simpatico, e trascurabile nell'adulto o nell'anziano, dove prevalgono le componenti strutturali. Per eliminare questo fattore confondente è preferibile, in corso di analisi statistica per lavori di ricerca clinica, aggiustare i valori della velocità dell'onda di polso per la pressione arteriosa media.

Se sostituiamo le biglie di ferro con delle palline di cotone o di polistirolo, possiamo facilmente verificare come in questo caso, rispetto alla serie di biglie di ferro, aumenti il tempo di latenza tra l'urto della prima pallina sulla seconda e il tempo in cui l'ultima pallina si stacca dalla serie. Questo ci introduce al concetto di "rigidità" e "elasticità" vascolare: più le biglie sono "rigide", più l'onda d'urto viene rapidamente trasmessa.

Tecnicamente è possibile determinare la velocità dell'onda di polso registrando contemporaneamente l'onda di pressione su due punti dell'albero arterioso: un punto prossimale e un punto distale, periferico. Si calcola quindi il ritardo con cui l'onda di pressione viene registrata nel segmento distale rispetto al prossimale.

Sapendo che la velocità è uguale a spazio/tempo, la velocità dell'onda di polso (PWV) si esprime in metri al secondo (m/s) e viene calcolata in base alla formula:

$$PWV = \frac{\text{distanza tra i due segmenti arteriosi}}{\Delta T}$$

dove ΔT rappresenta il ritardo dell'onda di pressione nel segmento distale rispetto al segmento prossimale.

La possibilità di stabilire una correlazione tra velocità dell'onda di polso e distensibilità delle arterie si basa sul calcolo relativo alla velocità di propagazione delle onde elastiche trasversali.

In base alla legge della velocità di propagazione delle onde trasversali, applicata per primo da Moens (1878) e successivamente modificata da Bramwell e Hill (1922), questo concetto è stato formalizzato in un modello matematico che mette in relazione l'elasticità della parete arteriosa con l'inverso del quadrato della velocità di propagazione dell'onda di polso (pulse wave velocity, PWV). L'equazione viene qui presentata semplificata:

$$distensibilità = (3,57/PWV)^2$$

in cui la distensibilità viene definita come percentuale del cambiamento di diametro per ogni aumento di pressione di 1 mmHg. Pertanto, in base a questa formula, per ogni aumento di pressione di 1 mmHg:
- *a una PWV di 4 m/s corrisponde una distensibilità dello 0,80%*
- *a una PWV di 6 m/s corrisponde una distensibilità dello 0,35%*
- *a una PWV di 8 m/s corrisponde una distensibilità dello 0,20%*
- *a una PWV di 10 m/s corrisponde una distensibilità dello 0,13%*
- *a una PWV di 12 m/s corrisponde una distensibilità dello 0,09%*
- *a una PWV di 14 m/s corrisponde una distensibilità dello 0,06%*
- *a una PWV di 16 m/s corrisponde una distensibilità dello 0,05%*

L'esecuzione dell'esame è molto semplice e può essere attuato mediante due modalità:
1. *in un solo tempo* (Fig. 4.2), utilizzando simultaneamente due sonde (tonometri, sonde a ultrasuoni, oscillometri o meccanocettori):

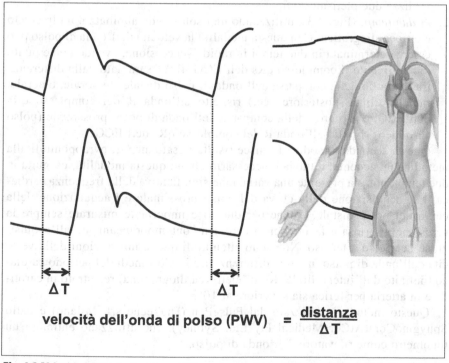

velocità dell'onda di polso (PWV) $= \dfrac{\text{distanza}}{\Delta T}$

Fig. 4.2 Velocità dell'onda di polso carotido-femorale determinata in un solo tempo: l'onda pressoria carotidea e l'onda femorale sono registrate contemporaneamente

- la prima sonda registra la curva del polso arterioso a livello prossimale (si posiziona la sonda prossimale a livello della carotide, considerata come punto di rilevamento centrale);
- contemporaneamente la seconda sonda registra il polso arterioso a livello dell'arteria periferica (femorale, omerale, radiale, tibiale posteriore ecc.).

In questo modo si calcola il ritardo della comparsa dell'onda di polso distale rispetto all'onda di polso prossimale (polso carotideo). Questo metodo è utilizzato da diversi apparecchi presenti sul mercato:

- il Complior SP (Alam Medical, Vincennes, Francia), che utilizza due meccanotrasduttori, che rilevano un segnale relativo alla derivata della variazione del movimento della parete arteriosa secondaria alla pressione di polso;
- il Complior Analyse, che utilizza due sensori piezoelettrici;
- il PulsePen Twin-model (DiaTecne srl, Milano), che utilizza due tonometri; questo modello permette anche l'acquisizione della pressione arteriosa centrale e l'analisi della curva pressoria;
- il PulsePenLab (DiaTecne srl, Milano), modello derivato dal PulsePen e finalizzato allo studio di piccoli animali e dei neonati;
- il Vicoder (Skidmore Medical Ltd, Bristol, United Kingdom), che utilizza due pletismografi;

2. *in due tempi* (Fig. 4.3), utilizzando una sola sonda abbinata a un tracciato elettrocardiografico. Con questa modalità la velocità dell'onda di polso può essere determinata in due tempi in rapida successione, avendo come punto di riferimento il complesso qRs dell'ECG. Il ΔT sarà dato dalla differenza tra il ritardo della comparsa dell'onda di polso distale (femorale, omerale, radiale, tibiale posteriore ecc.) rispetto all'onda R del complesso qRs dell'ECG, e il ritardo della comparsa dell'onda di polso prossimale (polso carotideo) rispetto all'onda R del complesso qRs dell'ECG.

Questa seconda metodica fornisce risultati esattamente sovrapponibili alla metodica precedente, tuttavia è necessario che in questa modalità, eseguita in due tempi, non sia presente una variazione significativa della frequenza cardiaca tra l'acquisizione della curva del polso prossimale e l'acquisizione della curva del polso distale. Anche per questo è importante misurare sempre la pressione arteriosa e la frequenza cardiaca contemporaneamente all'acquisizione del polso arterioso. Non sono attendibili quelle misurazioni della velocità dell'onda di polso in cui la differenza tra i valori medi del periodo cardiaco (definito dall'intervallo R'-R' all'elettrocardiogramma) registrato in carotide e in arteria periferica sia superiore al 10%.

Questo metodo è utilizzato dal PulsePen (DiaTecne srl, Milano) e dallo SphygmoCor (AtCor Medical Pty Ltd, Sydney), che utilizzano entrambi un tonometro come rilevatore dell'onda di polso.

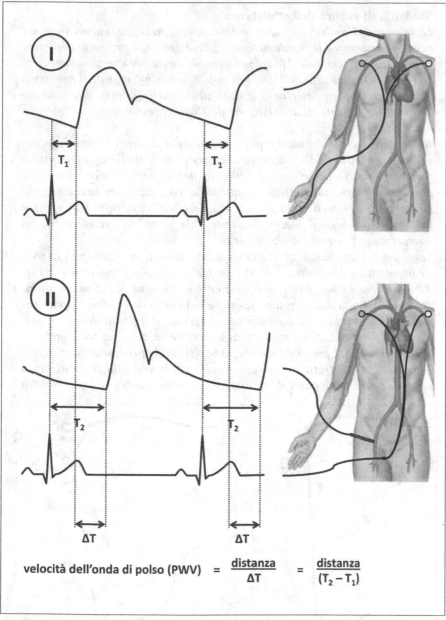

$$\text{velocità dell'onda di polso (PWV)} \quad = \quad \frac{\text{distanza}}{\Delta T} \quad = \quad \frac{\text{distanza}}{(T_2 - T_1)}$$

Fig. 4.3 Velocità dell'onda di polso carotido-femorale determinata in due tempi: (*I*) registrazione del ritardo dell'onda pressoria carotidea rispetto all'onda R dell'ECG; (*II*) registrazione del ritardo dell'onda pressoria in arteria femorale rispetto all'onda R dell'ECG

Modalità di misura della "distanza"

La velocità dell'onda di polso è data dal rapporto tra la distanza tra due punti dell'asse arterioso e il ritardo nella comparsa dell'onda pressoria periferica rispetto all'onda centrale. Ma come facciamo a misurare questa distanza?

Nel caso della velocità dell'onda di polso carotido-femorale il problema resta ancora aperto: per anni è stata utilizzata la misura diretta della distanza tra il punto di acquisizione dell'onda pressoria in carotide e in arteria femorale (Fig. 4.4).

Nella misura delle distanze è possibile usare una barra rigida di legno, graduata, munita di distanziometri alle estremità, simile a quella utilizzata in pediatria per misurare l'altezza dei neonati. Questo strumento può essere particolarmente utile quando si va a misurare la distanza in soggetti obesi o in corso di gravidanza. In questi casi, infatti, se venisse utilizzato un classico metro flessibile "da sarta", si rischierebbe di sovrastimare la misura della distanza.

Studi più recenti hanno invece evidenziato come la modalità più corretta per definire la distanza sia il cosiddetto metodo "sottrattivo" (Fig. 4.5): si prende come punto di riferimento la fossetta (o incisura) soprasternale, definita dal margine superiore del corpo dello sterno, quindi si misura la distanza tra l'incisura soprasternale e il punto di repere dell'arteria femorale. A questa misura si sottrae la distanza tra l'incisura soprasternale e il punto di acquisizione dell'onda pressoria carotidea.

La metodica "sottrattiva" sembra meglio correlarsi alla reale distanza anatomica tra i due punti di analisi sulle arterie. La base concettuale di

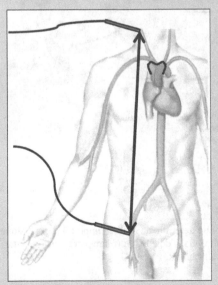

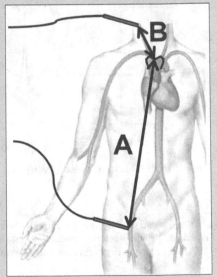

Fig. 4.4 Misura "diretta" della distanza carotido-femorale

Fig. 4.5 Misura della distanza carotido-femorale con modalità "sottrattiva": distanza = A – B

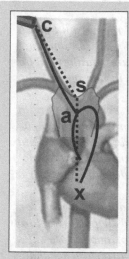

Fig. 4.6 Giustificazione alla metodica "sottrattiva"

questa metodica (Fig. 4.6) consiste nella consapevolezza che l'onda pressoria, mentre raggiunge il punto di repere in carotide (tragitto a → c nella figura), in aorta avrebbe percorso un tragitto di pari dimensioni (tragitto a → x). Tale tragitto coincide col segmento "sx", uguale al segmento "cs", corrispondente alla distanza tra l'incisura sternale e il sito di analisi della carotide.

La distanza è un parametro fondamentale nel calcolo della velocità dell'onda di polso e non va sottovalutato. Prendiamo ad esempio il caso di un soggetto che abbia un ritardo di 100 ms dell'onda femorale rispetto all'onda carotidea, con una distanza carotido-femorale di 650 mm, una distanza carotido-incisura sternale di 100 mm e incisura sternale-femorale di 560 mm. La PWV calcolata con metodo "diretto" sarà di 6,5 m/s [PWV = 650/100], mentre la PWV calcolata con metodo "sottrattivo" sarà di 4,6 m/s [PWV = (560–100)/100]. In questo caso il metodo "diretto" sovrastima di circa il 32% rispetto al metodo "sottrattivo".

Quando si legge un articolo scientifico, o una documentazione concernente la PWV, è molto importante controllare sempre la modalità con cui viene definita la distanza nel calcolo dalla PWV. Per questo si resta sconcertati quando documenti ufficiali di società scientifiche e linee guida ufficiali esprimono cutt-off di valori della PWV senza specificare le modalità con cui sono stati acquisiti.

Per ottenere la conversione della misura della distanza misurata con modalità "diretta" nella corrispettiva misura ottenuta in modalità "sottrattiva" è stato proposto, con una certa approssimazione, di moltiplicare tale valore × 0,8:

distanza con metodo "diretto" × 0,8 = distanza con metodo "sottrattivo"

Permane tuttavia un certo scetticismo riguardo all'affidabilià di queste formule di conversione. Pur essendo preferibile il metodo "sottrattivo", è comunque utile acquisire sempre tutte e tre le misure: carotido-femorale, carotido-incisura sternale e incisura sternale-femorale. In questo modo si è sempre in grado di confrontare i propri dati con quelli riportati in letteratura, qualunque sia la metodica utilizzata dai diversi autori.

Lo stesso criterio per la misura della distanza è valido anche per la determinazione della velocità dell'onda di polso carotido-radiale e carotido-brachiale. In questo caso, si consiglia di prendere le misure posizionando l'arto superiore a 45° rispetto all'asse del corpo.

Modalità di misura del "ritardo dell'onda"

Il piede della curva pressoria rappresenta il punto di repere sulla curva per il calcolo del ritardo dell'onda pressoria: ritardo tra due onde nel caso della registrazione simultanea (Fig. 4.7a), oppure ritardo rispetto all'onda "R" dell'ECG nel caso della registrazione in due tempi (Fig. 4.7b).

Il piede della curva pressoria è individuato dall'intersezione tra la retta orizzontale tangente il punto più basso della curva pressoria che segue il complesso ECG (linea "z" in Figura 4.7), e il prolungamento della retta che minimizza lo scarto quadratico medio dei punti che costituiscono la fase iniziale protosistolica rapida ascendente della curva pressoria (linea "y" in Figura 4.7).

Questo è l'algoritmo utilizzato sia dal PulsePen che dallo SphygmoCor, che in effetti forniscono valori di velocità dell'onda di polso tra loro sovrapponibili. Il Complior SP invece utilizza un algoritmo basato sulla derivata della variazione del movimento della parete arteriosa secondaria alla pressione di polso e, per un uguale valore di distanza, fornisce valori più bassi di PWV rispetto al PulsePen e allo SphygmoCor.

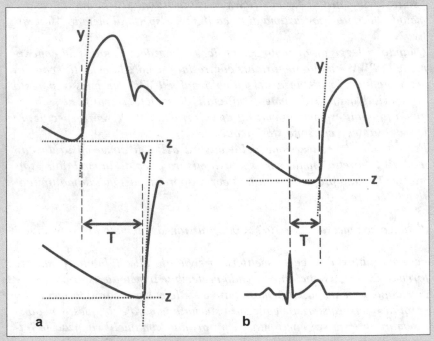

Fig. 4.7 a Misura del ritardo dell'onda pressoria periferica (*in basso*) rispetto all'onda centrale (*in alto*). **b** Misura del ritardo dell'onda pressoria (*in alto*) rispetto all'onda R dell'ECG (*in basso*). Quest'ultima è caratteristica della determinazione della velocità dell'onda di polso registrata in due tempi

Sono state proposte diverse formule per convertire reciprocamente i valori ottenuti con questi diversi strumenti. Di seguito si riportano le due formule maggiormente utilizzate:
- *un primo metodo suggerisce la conversione del tempo di transito carotido-femorale (TT c-f), secondo la seguente formula:*

$$TT\ c\text{-}f\ PulsePen = TT\ c\text{-}f\ SphygmoCor = TT\ c\text{-}f\ Complior - 20$$

per cui:

$$PWV\ PulsePen = PWV\ SphygmoCor = Distanza\ /\ (TT\ c\text{-}f\ Complior - 20)$$

- *un secondo metodo utilizza invece la seguente formula:*

$$TT\ c\text{-}f\ PulsePen = TT\ c\text{-}f\ SphygmoCor = \frac{(TT\ c\text{-}f\ Complior - 14{,}96)}{0{,}8486}$$

La velocità dell'onda di polso in soggetti con fibrillazione atriale ed extrasistolia

È attendibile il valore di velocità dell'onda di polso acquisito su un soggetto con aritmia o con fibrillazione atriale? Come comportarsi? Quali regole seguire? Questa è una delle domande che gli operatori che utilizzano regolarmente questa metodica nella pratica clinica pongono più frequentemente.

*La velocità dell'onda di polso in soggetti con **fibrillazione atriale** è attendibile in queste condizioni:*
- *in soggetti in cui la fibrillazione risulti abbastanza regolare, e non determini grandi variazioni nell'intervallo R'-R' all'elettrocardiogramma. Possono essere accettate quelle misure in cui la deviazione standard degli intervalli R'-R' acquisiti sia inferiore al 20% del valore medio;*
- *qualora la velocità dell'onda di polso sia calcolata "in due tempi" bisogna sempre verificare che la differenza tra il valore medio del periodo cardiaco dell'intervallo R'-R' registrato in carotide e quello registrato in arteria periferica sia inferiore al 10%;*
- *qualora le precedenti condizioni siano rispettate, è opportuno che vengano eseguite almeno due misure sui soggetti con fibrillazione atriale, utilizzando poi la media delle misure acquisite.*

*Risulta invece più facile la valutazione della velocità dell'onda di polso in soggetti con **extrasistolia**:*

1. *nel calcolo della velocità dell'onda di polso la raccomandazione è infatti quella di eliminare l'analisi del piede della curva pressoria corrispondente all'extrasistole e quella successiva;*
2. *nell'analisi della morfologia dell'onda pressoria, invece, è opportuno eliminare, oltre alla curva pressoria generata dall'extrasistole, anche la curva precedente e quella successiva.*

Frequenza di campionamento

La frequenza di campionamento è un parametro molto importante per un sistema che voglia calcolare in maniera precisa la velocità dell'onda di polso e acquisire fedelmente la morfologia dell'onda pressoria. La Figura 4.8 mette in evidenza come sarebbero le curve in base ai soli segnali "punto a punto", senza processi di interpolazione.

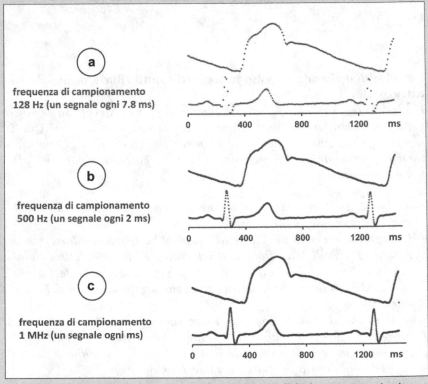

Fig. 4.8 Importanza della frequenza di campionamento nel definire la curva pressoria e i parametri necessari a calcolare la PWV in un soggetto con una frequenza cardiaca di 60 battiti/min. **a** Frequenza di campionamento a 128 Hz (come quella dichiarata dallo SphygmoCor). **b** Frequenza di campionamento a 500 Hz (come il primo modello del PulsePen). **c** Frequenza di campionamento a 1 MHz (1000 Hz, come l'ultimo PulsePen, il PulsePenLab e il Complior Analyse)

4.2   Velocità dell'onda di polso carotido-femorale (PWV aortica)

La velocità dell'onda di polso carotido-femorale (PWV aortica) è considerata la misura *gold standard* della rigidità arteriosa.

La sonda prossimale va posizionata a livello della carotide e la sonda distale a livello dell'arteria femorale: in questo modo si misura la velocità di propagazione dell'onda di polso lungo l'aorta. La PWV carotido-femorale riflette quindi le proprietà viscoelastiche dell'aorta.

La PWV aortica è considerata un elemento prognostico indipendente per mortalità cardiovascolare, e sono numerosi gli studi che hanno dimostrato come un aumento della PWV aortica sia associato a un aumento dell'incidenza di eventi cardiovascolari.

Viene qui presentato il risultato di uno studio particolarmente significativo: si tratta di uno studio longitudinale eseguito su pazienti in insufficienza renale cronica terminale (Fig. 4.9). È stata valutata una popolazione di 241 soggetti, suddivisi in terzili in base al valore della PWV. Nella Figura 4.9 possiamo notare come tra i soggetti con bassi valori di PWV aortica (1° terzile), dopo 140 mesi di osservazione, siano morti "solo" 6 pazienti su 81 (7%), mentre tra i soggetti con alti valori di PWV aortica (3° terzile) ne siano morti 51 su 80 (64%): questo dato è veramente sconvolgente! Sono stati ottenuti risultati analoghi anche quando è stata considerata la prevalenza degli eventi cardiovascolari (Fig. 4.10).

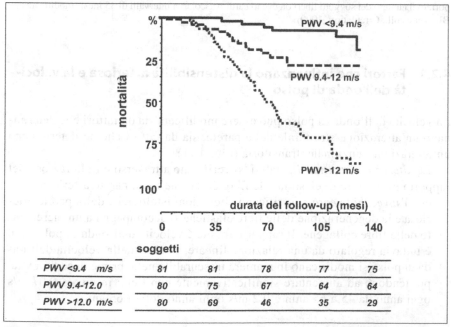

PWV <9.4 m/s	81	81	78	77	75
PWV 9.4-12.0	80	75	67	64	64
PWV >12.0 m/s	80	69	46	35	29

Fig. 4.9 Mortalità e rigidità aortica nell'insufficienza renale cronica terminale. Analisi per terzili dei valori di velocità dell'onda di polso (*PWV*). Nella parte inferiore della figura è riportato il numero dei soggetti sopravvissuti a intervalli di 35 mesi (modificata da: Blacher e coll., Circulation, 1999)

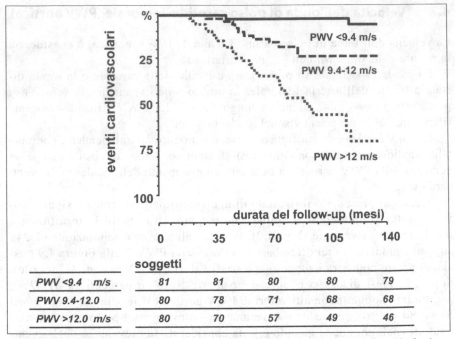

Fig. 4.10 Eventi cardiovascolari e rigidità aortica nell'insufficienza renale cronica terminale. Analisi per terzili dei valori di velocità dell'onda di polso (*PWV*). Nella parte inferiore della figura è riportato il numero dei soggetti liberi da eventi cardiovascolari a intervalli di 35 mesi (modificata da: Blacher e coll., Circulation, 1999)

4.2.1   Fattori che influenzano la distensibilità arteriosa e la velocità dell'onda di polso

La velocità dell'onda di polso può essere modificata sia da fattori che determinano un'alterazione strutturale della parete, sia da fattori che ne determinano un'alterazione funzionale, transitoria (Fig. 4.11).

Le *alterazioni strutturali,* stabili, si verificano attraverso un'alterazione del rapporto tra le fibre di elastina e le fibre collagene nella parete arteriosa:

- con l'*invecchiamento* si verificano alterazioni istologiche della parete arteriosa e la degenerazione delle fibre elastiche si accompagna a un incremento delle fibre collagene. Il rapporto tra età e velocità dell'onda di polso non è tuttavia regolato da una relazione lineare; i valori della velocità dell'onda di polso si modificano in maniera trascurabile nelle prime decadi di vita, poi tendono ad aumentare significativamente con l'età: in media 0,07 m/s ogni anno da 45 a 65 anni e 0,2 m/s ogni anno dopo i 65 anni;

> *L'invecchiamento è caratterizzato da un aumento della rigidità della parete arteriosa direttamente legato a modificazioni strutturali. L'aumento dell'attività dell'elastasi, e una ridotta capacità di sintesi dell'elastina determinano una rarefazione e frammentazione delle fibre elastiche, con conseguente riduzione del rapporto elastina/collagene. È stato calcolato (Faber e Moller-Hou, 1954) che nel range di età da 20 a 80 anni la percentuale in peso secco delle fibre di elastina nell'aorta toracica si riduce dal 32 al 20%, mentre la percentuale di fibre collagene aumenta dal 21 al 32%.*

- nell'*ipertensione arteriosa* la necessità di fare fronte a pressioni crescenti nel lume vascolare induce la parete vascolare a incrementare la biosintesi di fibre collagene, alterando anche in questo caso il rapporto elastina/collagene. Una condizione caratterizzata da un aumento stabile dei valori pressori determina alterazioni strutturali di parete, che permangono anche in presenza di valori pressori normali a seguito di una efficace terapia antipertensiva. Solo dopo anni di terapia con farmaci che abbiano dimostrato un'azione sulla parete vascolare, può anche verificarsi un miglioramento della distensibilità arteriosa;

> *Nell'ipertensione arteriosa, per controbilanciare l'incremento della pressione transmurale, si determina un aumento della biosintesi di collagene, che si accumula, anche se resta invariata la quantità relativa di elastina; questo processo può associarsi ad alterazioni funzionali, con ipertonia della muscolatura liscia, e fenomeni di "rimodellamento" della parete arteriosa, ipertrofia e iperplasia delle fibrocellule muscolari lisce e alterazioni della funzione endoteliale.*

- alterazioni strutturali sono state descritte anche in corso di *malattie metaboliche*, come nel diabete mellito, nell'insufficienza renale, nell'insufficienza epatica, nelle alterazioni del metabolismo del calcio, nello stress ossidativo, nell'infiammazione cronica subclinica e nelle flogosi di parete vascolare;

> *Alterazioni metaboliche (quali diabete, epatopatie, insufficienza renale, alterazioni del metabolismo del calcio, iperuricemia ecc.) possono accompagnarsi a un incremento dello stress ossidativo, con flogosi della parete vascolare e aree di calcificazioni parietali.*

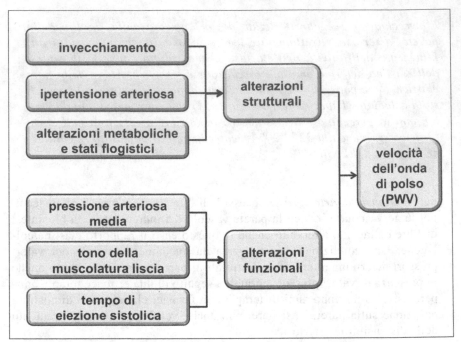

Fig. 4.11 Fattori strutturali e funzionali che condizionano la velocità di trasmissione dell'onda di polso

- non c'è invece alcuna modifica della distensibilità arteriosa in rapporto al *sesso* (una certa differenza nei due sessi si evidenzia solo in età pediatrica e nell'adolescenza)

Occorre sottolineare come il fenomeno della rigidità vascolare (*stiffness*) non abbia niente a che vedere con l'aterosclerosi, anche se evidentemente i due eventi possono facilmente coesistere, avendo in comune i principali fattori di rischio (invecchiamento, diabete, ipertensione).

Rigidità vascolare (stiffness) *non è sinonimo di aterosclerosi*

Estesi fenomeni di aterosclerosi, soprattutto là dove sono presenti calcificazioni diffuse, possono anche determinare un certo grado di rigidità vascolare, tuttavia bisogna mantenere separati e distinti i concetti di aterosclerosi (fenomeni trombotici arteriosi, a prevalente espressione endoluminare) e di rigidità della parete delle arterie (arteriosclerosi).

Molto più complesso risulta il ruolo degli *elementi funzionali*, i cui cambiamenti sono transitori e fugaci. Possiamo distinguere tre principali fattori funzionali che possono determinare alterazioni transitorie della distensibilità vascolare:
- i valori di *pressione arteriosa media* possono incidere, anche se solo parzialmente, sulla velocità dell'onda di polso;
- il tono delle *fibrocellule muscolari lisce* della parete arteriosa, soprattutto in relazione all'attività adrenergica;
- la rapidità dell'eiezione ventricolare sinistra, che si può valutare determinando

il *tempo di eiezione ventricolare sinistro*. Un ridotto tempo sistolico si accompagna a un aumento della velocità dell'onda di polso, mentre la frequenza cardiaca come tale non ha alcuna influenza sulla velocità dell'onda di polso.

La relazione tra velocità dell'onda di polso e modifiche funzionali potrebbe mettere in discussione la riproducibilità e, in ultima analisi, l'affidabilità del parametro "velocità dell'onda di polso", ma il peso di questi fattori è certamente molto inferiore in rapporto al peso delle alterazioni strutturali, organiche (Fig. 4.12).

Tuttavia, essendo il significato clinico della determinazione della velocità dell'onda di polso strettamente legato allo studio delle alterazioni strutturali della parete arteriosa, in occasione di studi clinici e nell'ambito della ricerca clinica, è consigliabile aggiustare i valori della velocità dell'onda di polso per i seguenti fattori: età, pressione arteriosa media e tempo di eiezione sistolica.

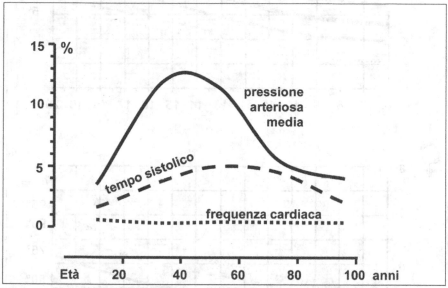

Fig. 4.12 Peso relativo dei parametri funzionali nel determinare i valori di velocità dell'onda di polso, in rapporto all'età

4.2.2 Valori di riferimento della velocità dell'onda di polso aortica

Uno dei principali problemi della determinazione della velocità dell'onda di polso è la non omogeneità tra i dati forniti dai diversi strumenti utilizzati. Questo in gran parte è dovuto sia alle diverse modalità di misura delle distanze tra i punti di registrazione delle onde di polso, sia ai diversi algoritmi utilizzati per determinare il ritardo dell'onda di polso femorale rispetto all'onda carotidea.

I dati riportati nelle Figure 4.13 e 4.14 si riferiscono ai valori di riferimento della velocità dell'onda di polso carotido-femorale ottenuti con tonometro PulsePen, usando il metodo "sottrattivo" per il calcolo della distanza [(incisura sternale → femorale) – (incisura sternale → carotide)]. Questi valori di riferimento sono stati ottenuti su più di 1000 bambini in età scolare e *teenagers* (Fig. 4.13), e su 3208 adulti apparentemente sani, senza fattori di rischio cardiovascolare e patologia cardiovascolare manifesta (Fig. 4.14).

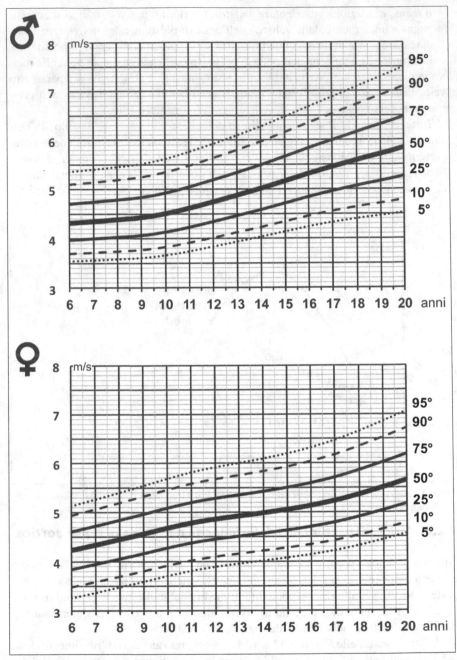

Fig. 4.13 Valori di normalità della velocità dell'onda di polso aortica: curve percentili in età tra 6 e 20 anni, in soggetti di sesso maschile (♂) e in soggetti di sesso femminile (♀) (modificata da: Reusz e coll., Hypertension, 2010)

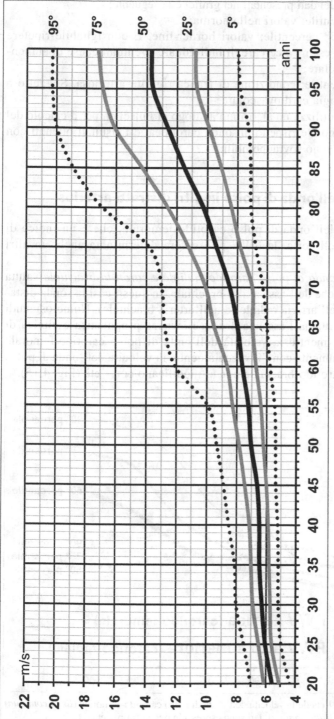

Fig. 4.14 Valori di normalità della velocità dell'onda di polso aortica: curve percentili nell'adulto in rapporto all'età. Dati ricavati su popolazione sana, senza fattori di rischio per cardiovasculopatie, usando il tonometro PulsePen. Distanza misurata con metodo "sottrattivo"

L'interpretazione dei dati presentati nei grafici è la seguente:
* sotto al 75° percentile: valori nella norma;
* tra il 75° e il 95° percentile: valori border-line. È consigliabile ripetere periodicamente l'esame e cercare di individuare eventuali cause di aumentata rigidità vascolare;
* oltre il 95° percentile: condizione di franca rigidità arteriosa. Soggetto a rischio per patologia cardiovascolare.

Lo SphygmoCor utilizza un algoritmo analogo al PulsePen per il calcolo del ritardo dell'onda femorale rispetto all'onda carotidea, e i risultati ottenuti con questi due strumenti sono sovrapponibili.

4.3   Velocità dell'onda di polso in altri distretti arteriosi

Oltre alla velocità dell'onda di polso carotido-femorale, che è un indice di rigidità vascolare dell'aorta, la PWV può essere determinata anche in altri distretti arteriosi.

La *velocità dell'onda di polso carotido-radiale e carotido-brachiale* valuta le proprietà meccaniche dell'asse axillo-brachiale. In questi casi la sonda distale registra il polso nell'arteria radiale (o nell'arteria brachiale). Numerosi studi hanno confermato tuttavia l'assenza di una rilevanza prognostica e clinica di tale misura. Inoltre, mentre la velocità dell'onda di polso carotido-femorale aumenta significativamente con l'invecchiamento, la velocità dell'onda di polso carotido-radiale e carotido-brachiale non si modificano con l'età (Fig. 4.15).

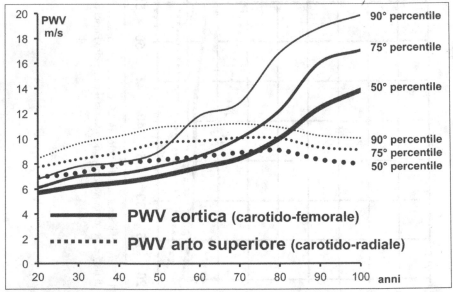

Fig. 4.15 Modifiche con l'età della velocità dell'onda di polso carotido-femorale (*linea continua*) e carotido-radiale (*linea tratteggiata*). I dati sono espressi in percentili per età

Verosimilmente la velocità dell'onda di polso all'arto superiore rispecchia una condizione funzionale dell'albero arterioso, legata prevalentemente allo stato di attivazione simpatica. Questo spiega i valori elevati in particolari condizioni di stress, come per esempio in altitudine o in condizioni di ipossia. Non c'è da stupirsi quindi che la velocità dell'onda di polso carotido-radiale si modifichi in maniera consensuale al variare della pressione diastolica, della pressione media e della frequenza cardiaca. Ulteriori studi dovrebbero chiarire la particolare condizione vascolare del distretto axillo-brachiale, caratterizzato da una scarsa propensione ai fenomeni trombogeni e dalla scarsa tendenza alle modificazioni strutturali della parete arteriosa in relazione all'età.

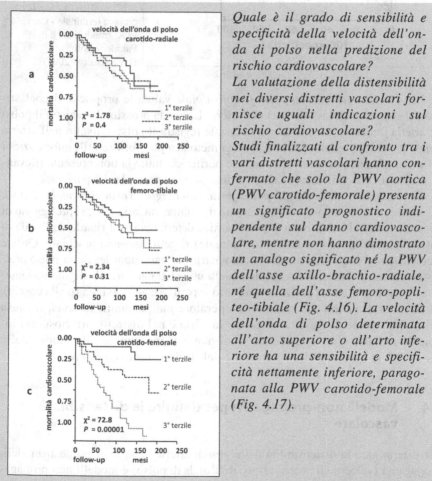

Quale è il grado di sensibilità e specificità della velocità dell'onda di polso nella predizione del rischio cardiovascolare?
La valutazione della distensibilità nei diversi distretti vascolari fornisce uguali indicazioni sul rischio cardiovascolare?
Studi finalizzati al confronto tra i vari distretti vascolari hanno confermato che solo la PWV aortica (PWV carotido-femorale) presenta un significato prognostico indipendente sul danno cardiovascolare, mentre non hanno dimostrato un analogo significato né la PWV dell'asse axillo-brachio-radiale, né quella dell'asse femoro-popliteo-tibiale (Fig. 4.16). La velocità dell'onda di polso determinata all'arto superiore o all'arto inferiore ha una sensibilità e specificità nettamente inferiore, paragonata alla PWV carotido-femorale (Fig. 4.17).

Fig. 4.16 Mortalità cardiovascolare: valore predittivo della velocità dell'onda di polso carotido-radiale (**a**), femoro-tibiale (**b**) e carotido-femorale (**c**). In ciascuna figura l'analisi è stata eseguita per terzili dei valori di velocità dell'onda di polso (modificata da: Pannier e coll., Hypertension, 2005)

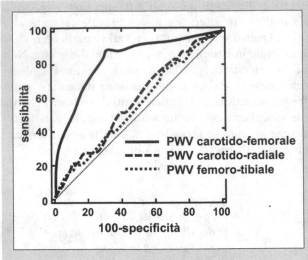

Fig. 4.17 Sensibilità e specificità della velocità dell'onda di polso carotido-femorale, carotido-radiale e femoro-tibiale in rapporto alla mortalità cardiovascolare nell'insufficienza renale cronica terminale - Curva ROC (modificato da: Pannier e coll., Hypertension, 2005)

La *velocità dell'onda di polso femoro-tibiale* valuta le proprietà viscoelastiche del sistema arterioso dell'arto inferiore. La sonda prossimale registra il polso all'arteria femorale, mentre la sonda distale registra il polso a livello dell'arteria tibiale posteriore o della pedidia. Questa metodica può fornire utili informazioni sullo stato funzionale della circolazione periferica, tuttavia non presenta rilevanza prognostica e clinica sul rischio cardiovascolare generale del paziente.

La *velocità dell'onda di polso braccia-caviglia (brachial-ankle PWV)*. Numerose metodiche, proposte soprattutto da compagnie asiatiche, si prefiggono di misurare la velocità dell'onda di polso aortica determinando il ritardo dell'onda di polso registrato in arteria tibiale (o femorale) rispetto all'onda brachiale. Queste metodiche registrano con tecnica oscillometrica le variazioni legate al polso arterioso utilizzando bracciali (analoghi a quelli utilizzati dai normali sfigmomanometri a mercurio o digitali) posizionati all'arto superiore e alla caviglia (o alla coscia).

Si tratta di metodiche semplici e operatore-indipendenti, tuttavia, a causa del diverso grado di rigidità vascolare in aorta e nel distretto arterioso axillo-brachio-radiale, sono considerate inaffidabili e inadeguate allo studio della distensibilità aortica e alla valutazione del rischio cardiovascolare.

4.4 Modelli non-propagativi per definire la distensibilità vascolare

Per determinare la distensibilità delle grandi arterie sono stati proposti modelli propagativi (velocità di propagazione dell'onda di polso) e modelli non propagativi. Questi ultimi, per l'impegno tecnico e per i costi elevati sono generalmente utilizzati solo a scopo di ricerca, in un limitato numero di centri scientifici.

Le proprietà meccaniche delle arterie possono essere misurate a partire dalla relazione pressione-volume di un determinato segmento arterioso. Da un punto di vista generale le proprietà meccaniche delle arterie non sono lineari, ma dipendono dalla pressione alla quale esse sono sottoposte e alla quale sono misurate.

Diversi parametri sono utilizzati per valutare le proprietà meccaniche delle grandi arterie e per fornire indicazioni sulle loro proprietà viscoelastiche. Di seguito sono riportati i principali parametri utilizzati in letteratura.

Compliance

La compliance rappresenta la modifica del diametro (o della sezione) dell'arteria in valori assoluti, a un dato livello di pressione, per una data lunghezza vascolare. La compliance indica quindi la variazione del volume in rapporto alla variazione di pressione: in situazioni di buona elasticità vascolare piccole variazioni di pressione determinano grandi variazioni di volume, viceversa in condizioni di rigidità vascolare grandi variazioni di pressione determinano piccole variazioni di volume:

$$compliance\ (cm/mmHg)\ =\ \frac{(D_s - D_d)}{(P_s - P_d)}\ =\ \frac{\Delta D}{\Delta P}$$

dove $D_s - D_d$, (diametro sistolico − diametro diastolico) rappresenta la variazione di diametro (ΔD) e $P_s - P_d$ (pressione sistolica − pressione diastolica) la variazione di pressione (ΔP).

Distensibilità

La distensibilità definisce il valore della compliance vascolare in rapporto al diametro iniziale dell'arteria. La distensibilità è definita dalla relativa modifica del diametro (o della sezione) in relazione al cambiamento della pressione (è l'inverso del "modulo elastico"):

$$distensibilità\ (mmHg^{-1})\ =\ \frac{(D_s - D_d)}{(P_s - P_d) \cdot D_d}\ =\ \frac{\Delta D}{\Delta P \cdot D_d}$$

dove $D_s - D_d$, (diametro sistolico − diametro diastolico) rappresenta la variazione di diametro (ΔD), $P_s - P_d$, (pressione sistolica − pressione diastolica) la variazione di pressione (ΔP) e D_d il diametro diastolico.

Coefficente di compliance

Il coefficente di compliance (CC) è definito dalla compliance per unità di lunghezza, che è la variazione dell'area di sezione vascolare per unità di pressione;

$$CC\ =\ \frac{(\Delta V/L)}{\Delta P}\ =\ \frac{\Delta A}{\Delta P}\ =\ \frac{\pi D \cdot \Delta D}{2\Delta P}$$

dove D rappresenta il diametro, ΔD la variazione di diametro, ΔA la variazione di sezione dell'arteria e ΔP la variazione di pressione.

Coefficente di distensibilità

Il coefficente di distensibilità (CD) è definito dal cambiamento relativo dell'area di sezione vascolare per unità di pressione;

$$CD = \frac{(\Delta A/A)}{\Delta P} = \frac{2(\Delta D/D_d)}{\Delta P}$$

dove ΔA rappresenta la variazione di sezione dell'arteria, ΔD la variazione di diametro, ΔP la variazione di pressione e D_d il diametro diastolico.

Modulo elastico di Peterson

Il modulo elastico è definito dalla variazione (teorica) della pressione necessaria a determinare un incremento di diametro a riposo del 100%:

$$modulo\ elastico\ = \frac{\Delta P \cdot D_d}{\Delta D}\ \ (mmHg)$$

dove ΔP rappresenta la variazione di pressione, D_d il diametro diastolico e ΔD la variazione di diametro.

Modulo elastico di Young

Il modulo elastico di Young rappresenta il modulo elastico per unità di superficie, ed è definito dall'incremento (teorico) della pressione per cm^2 necessaria a determinare un allungamento (teorico) del 100% della lunghezza a riposo:

$$modulo\ di\ Young = \frac{\Delta P \cdot D_d}{(\Delta D \cdot h)}\ \ (mmHg/cm)$$

dove ΔP rappresenta la variazione di pressione, D_d il diametro diastolico, ΔD la variazione di diametro e h lo spessore vascolare.

Stiffness index

Lo stiffness index (β) è definito dal rapporto tra il logaritmo del rapporto tra pressione sistolica e pressione diastolica (P_s/P_d) e il cambiamento relativo del diametro vascolare:

$$stiffness\ index\ (\beta)\ = \frac{ln\ (P_s/P_d)}{[\Delta D/D_d]}$$

dove ΔD rappresenta la variazione di diametro e D_d il diametro diastolico.

Alcuni ecografi vascolari sono stati integrati con sistemi di analisi dei movimenti della parete arteriosa in modo da fornire la curva relativa alla variazione del diametro vascolare durante il ciclo cardiaco. Questi sistemi definiscono la variazione sisto-diastolica del diametro vascolare utilizzando un'analisi in radiofrequenza. Recentemente sono state proposte anche altre metodiche, che utilizzano la cine-risonanza magnetica (MRI); queste ultime, di costi enormemente superiori, hanno tuttavia il pregio di poter analizzare anche i grossi tronchi arteriosi profondi.

4.4.1   Wall Track System

Uno dei primi strumenti utilizzati per la registrazione della curva di variazione di diametro è stato il *Wall Track System* (WTS) (Pie Medical, Maastricht). Questo dispositivo misura la variazione del diametro arterioso durante il ciclo cardiaco, sfruttando un'analisi in radiofrequenza integrata a un ecografo vascolare (Fig. 4.18).

Si esegue un esame eco-Doppler dell'asse carotideo in *B-mode*, e dopo aver escluso la presenza di placche o di ispessimenti vascolari segmentari, si individua il segmento di carotide comune da analizzare e si determina la profondità dell'arteria; questo rende molto più facile identificare la parete anteriore e posteriore dell'arteria da analizzare. Quindi si seleziona una *M-line* perpendicolare all'arteria; il segnale viene inviato linea dopo linea al PC e analizzato

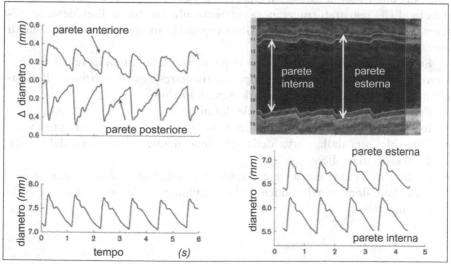

Fig. 4.18 Wall Track System. Determinazione della variazione del diametro arterioso durante il ciclo cardiaco con metodica ecografica

istantaneamente; sullo schermo si visualizza la linea dell'analisi in radiofrequenza, e l'operatore può selezionare i picchi corrispondenti all'interfaccia, dopodiché l'esatto movimento relativo a ciascun picco selezionato è determinato con l'uso di una tecnica di interpolazione. Al termine del processo di analisi compaiono sullo schermo le due curve relative al movimento sisto-diastolico della parete anteriore e della parete posteriore; sotto di queste la curva della variazione del diametro vascolare, risultante dalla somma delle due precedenti.

Questo sistema è stato acquisito da Esaote ed è parte integrante di alcuni ecografi proposti da questa azienda. Una metodica simile è stata sviluppata anche da Aloka, e integrata in alcuni suoi ecografi.

4.4.2 Compliance arteriosa

Abbiamo visto che la compliance è data dal rapporto tra la variazione del diametro e la corrispettiva variazione della pressione arteriosa. Per poter ottenere una curva di compliance arteriosa occorre quindi avere la registrazione contemporanea della variazione del calibro vascolare e della curva di pressione.

Viene qui descritto il metodo elaborato insieme a C. Giannattasio e sviluppato da G. Lio (DiaTecne srl, Milano) in collaborazione con l'Università di Milano Bicocca e l'Università di Nancy (A. Benetos).

La registrazione della curva di variazione di diametro avviene mediante il sistema Wall Track System, mentre la curva pressoria è registrata mediante un tonometro arterioso transcutaneo PulsePen (Figg. 4.19 e 4.20). La sincronizzazione dei due tracciati (diametro e pressione) avviene per sovrapposizione dei tracciati ECG registrati contemporaneamente alle due curve. È evidente la differenza tra le curve diametro/pressione registrate in soggetti giovani e negli anziani (Fig. 4.21).

Su ogni segmento viene definita la pendenza della curva di relazione diametro/pressione (*slope*): più il rapporto diametro/pressione (indice di compliance vascolare) è elevato, più sarà elevato lo *slope*.

Per ogni ciclo cardiaco è possibile definire:
• lo *slope* dell'intero ciclo sisto-diastolico della relazione diametro/pressione;
• l'area definita dalla curva della relazione diametro/pressione dell'intero ciclo sisto-diastolico;
• lo *slope* della fase ascendente e della fase discendente della relazione diametro/pressione, corrispondenti alla compliance della fase sistolica e della fase diastolica.

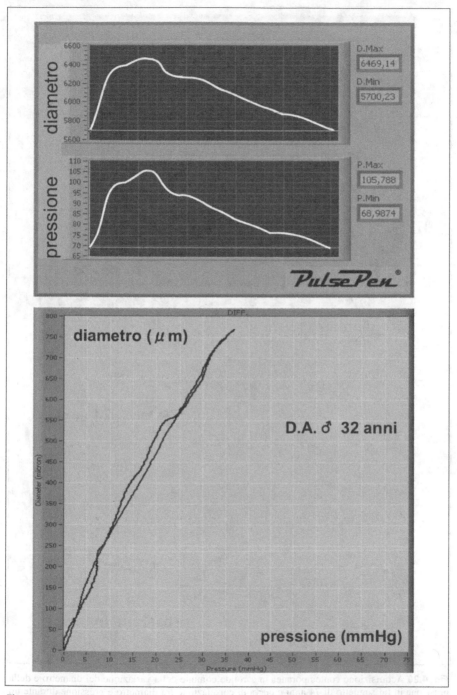

Fig. 4.19 Acquisizione contemporanea in carotide comune della variazione del diametro e della pressione in un soggetto di 32 anni e curva di correlazione tra diametro e pressione durante un ciclo cardiaco (*parte bassa della figura*). La pendenza della curva definisce la compliance dell'arteria

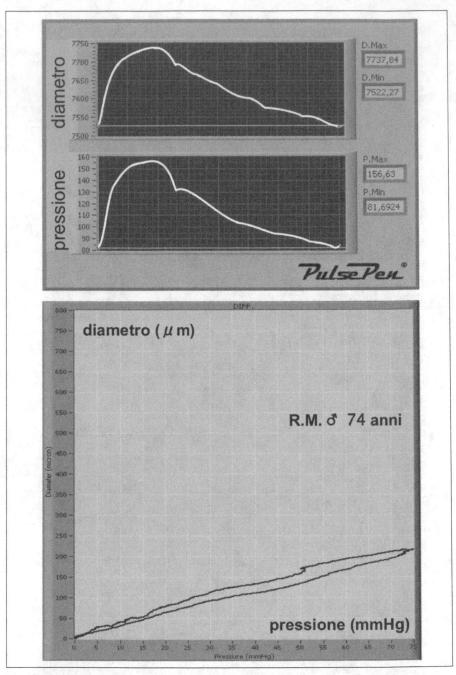

Fig. 4.20 Acquisizione contemporanea in carotide comune della variazione del diametro e della pressione in un soggetto di 74 anni e curva di correlazione tra diametro e pressione durante un ciclo cardiaco (*parte bassa della figura*). La pendenza della curva definisce la compliance dell'arteria

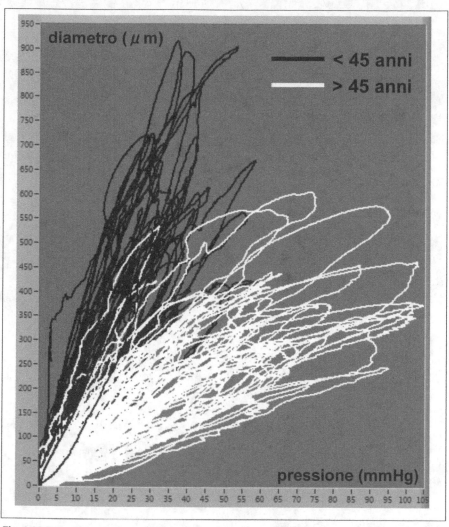

Fig. 4.21 Relazione pressione-diametro durante il ciclo cardiaco acquisita su 80 soggetti: 29 di età inferiore a 45 anni (*linea nera*) e 51 di età superiore a 45 anni (*linea bianca*). Le curve di pressione e diametro sono state acquisite simultaneamente a livello della carotide comune. La pendenza della curva definisce la compliance dell'arteria

La pressione arteriosa centrale

5

Con il termine "pressione arteriosa centrale" si intende la pressione arteriosa a livello dell'aorta ascendente, subito all'uscita dal ventricolo sinistro. La pressione centrale risulta particolarmente importante in quanto condiziona il rapporto emodinamico tra cuore e aorta, sia nella fase sistolica, che durante la fase diastolica:

- *nella fase sistolica*: rappresenta la pressione con cui il ventricolo sinistro deve interagire durante la contrazione sistolica. Se la pressione media della fase sistolica in aorta ascendente è elevata, occorrerà una contrazione più energica da parte del ventricolo sinistro per garantire un'adeguata gettata sistolica. Nella fase sistolica quindi la pressione centrale determina il postcarico, definisce il lavoro cardiaco e condiziona lo sviluppo dell'ipertrofia ventricolare sinistra nel soggetto iperteso;
- *nella fase diastolica*: rappresenta la pressione che condiziona il flusso coronarico e garantisce un'adeguata perfusione al subendocardio. Durante la contrazione ventricolare sinistra i vasi che attraversano la parete miocardica sono compressi. La forza compressiva esercitata sui vasi coronarici è maggiore a livello subendocardico, dove eguaglia la pressione presente all'interno del ventricolo sinistro; pertanto il flusso al subendocardio è praticamente annullato, anche se gli strati subepicardici restano normalmente perfusi. Durante la fase diastolica tutto il muscolo cardiaco torna a essere regolarmente perfuso. Il flusso subendocardico è quindi esclusivamente diastolico e dipende: (a) dalla pressione media diastolica nelle coronarie che, a coronarie indenni, è uguale alla pressione media della fase diastolica in aorta; (b) dalla pressione diastolica nel ventricolo sinistro; (c) dalla durata della diastole.

In sintesi la pressione centrale nella fase sistolica definisce il lavoro che deve eseguire il ventricolo sinistro, mentre la pressione centrale nella fase diastolica è importante nel determinare il regolare apporto di sangue al miocardio.

L'interesse dell'acquisizione dei valori di pressione arteriosa centrale è motivato anche dalla discrepanza tra i valori di pressione al centro e alla periferia del sistema arterioso. È noto come la pressione arteriosa media sia caratterizzata da una relativa "stabilità" nell'albero arterioso, tenda cioè a rimanere immutata lungo tutto il sistema arterioso, dall'aorta ascendente alle arterie periferiche. In maniera analoga si comporta la pressione diastolica: la differenza tra i valori di pressione arteriosa diastolica al centro e alla periferia è trascurabile (generalmente inferiore a 1 mmHg a livello dell'arteria brachiale rispetto all'aorta ascendente). Diverso è invece il comportamento della pressione sistolica, i cui valori misurati alla periferia (arteria radiale, brachiale, femorale ecc.) sono più alti rispetto a quelli misurati in aorta ascendente; la differenza tra la pressione in aorta e in arteria brachiale è in media di circa 15 mmHg, ma si possono registrare anche differenze molto più alte, fino a 40-50 mmHg nei giovani adulti. Questo fenomeno viene chiamato *amplificazione della pressione arteriosa*.

Ma non trovate questo fatto alquanto bizzarro? Trovate normale che un sistema idraulico, come il sistema emodinamico, abbia dei valori di pressione arteriosa più bassi subito dopo la pompa (all'uscita del ventricolo sinistro), rispetto alla periferia? ... tutto questo non vi sembra strano? In quale apparato meccanico concepito dall'uomo l'entità della forza alla periferia del sistema è superiore a quella in prossimità del motore? Prendiamo l'esempio di un comune impianto di irrigazione del prato, costituito da una pompa e un tubo di gomma; è evidente che la pressione esercitata dall'acqua si riduce progressivamente man mano che ci allontaniamo dalla pompa. Trovate dunque normale che nel sistema cardiovascolare invece la pressione nelle arterie periferiche sia più alta che in prossimità della pompa cardiaca? Come possiamo spiegare questo fenomeno?

Lo studio del ruolo delle onde di riflessione può aiutarci a spiegare il fenomeno dell'amplificazione della pressione arteriosa.

5.1   Le onde riflesse

Nei capitoli iniziali di questo volume abbiamo visto come la pressione arteriosa venga modificata e modulata dalle proprietà viscoelastiche dell'aorta e delle grandi arterie.

Abbiamo quindi approfondito il significato clinico della rigidità vascolare e l'evoluzione della curva pressoria risultante dall'interazione cuore-arterie.

Tuttavia il solo rapporto tra ventricolo sinistro e aorta non è sufficiente a spiegare tutti i fenomeni che contribuiscono a determinare i valori di pressione arteriosa e la morfologia della curva pressoria. Introduciamo ora il secondo parametro che caratterizza la pressione pulsatoria: le *onde di riflessione*.

La formazione di onde riflesse rappresenta una caratteristica di tutti i sistemi idrodinamici, anche se con estrinsecazioni differenti.

Può essere più facile capire il concetto di onda di riflessione se osserviamo cosa succede quando lasciamo cadere un sasso al centro di una bacinella piena d'acqua (Fig. 5.1). Dal punto in cui il sasso si immerge si creano delle onde che si dirigono verso le pareti del recipiente. A questo livello le onde non si esauriscono, ma colpendo le pareti danno origine a onde che si dirigono verso il centro della bacinella; sono queste le "onde di riflessione" o "onde riflesse".

Ora, se lasciamo cadere al centro della nostra bacinella una serie di sassi a intervalli regolari, possiamo notare come le onde riflesse, tornando verso il centro, si sovrappongano alle onde centrifughe generate direttamente dalla pietra successiva caduta nella bacinella, determinando onde molto più ampie (Fig. 5.2). L'ampiezza dell'onda risultante sarà quindi definita dalla somma dell'ampiezza dell'onda diretta e di quella riflessa.

Può essere ancora più facile comprendere il significato delle onde di riflessione se pensiamo alle onde dell'oceano che si infrangono contro la scogliera, somo "riflesse" da quest'ultima e ritornano verso il largo. Queste si sommano alle onde successive, originando delle onde sempre più alte.

Il sistema vascolare si comporta anche in questo caso come un qualsiasi circuito idrodinamico, in cui l'onda generata dall'attività di una pompa intermittente (cuore) si propaga lungo un condotto (aorta, arterie, arteriole, capillari ecc.). A livello dei siti di riflessione si generano le onde riflesse che si dirigono verso il centro del sistema.

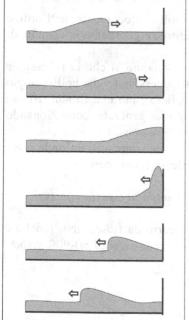

Fig. 5.1 Il disegno mostra come si genera una singola onda riflessa

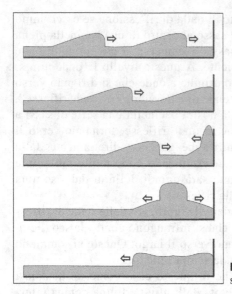

Fig. 5.2 L'origine delle onde riflesse e il sovrapporsi dell'onda diretta e dell'onda riflessa

Tuttavia nell'apparato cardiovascolare le onde riflesse si originano e si trasmettono con una modalità molto particolare. Il sistema circolatorio ha infatti tre caratteristiche peculiari:

1. è un sistema chiuso;
2. è di dimensioni ridotte;
3. inoltre le onde di pressione si trasmettono molto velocemente, nell'ordine di 4-30 m/s, come abbiamo già visto nel capitolo riguardante la velocità di trasmissione dell'onda di polso (capitolo 4).

Queste peculiarità del sistema cardiovascolare fanno sì che la riflessione dell'onda pressoria non si ripercuota sull'onda successiva (come nell'esempio del sasso nella bacinella o dell'onda sulla scogliera), ma che l'onda riflessa vada a sovrapporsi sulla stessa onda diretta che l'ha generata, condizionando quindi la morfologia dell'intera onda pressoria.

La pressione arteriosa è quindi la risultante della somma di un'onda pressoria diretta (centrifuga) e di onde pressorie riflesse (centripete):

onda pressoria = onda pressoria diretta + onda pressoria riflessa

L'importanza dell'onda di riflessione non è certo da trascurarsi, poiché è stato calcolato che l'entità dell'onda riflessa può anche essere l'80-90% rispetto all'onda diretta.

5.2   I siti di riflessione

Nel sistema cardiovascolare esistono dei siti ben precisi da cui si originano le onde riflesse:
1. le biforcazioni delle arterie;
2. le zone di asimmetria delle arterie e le aree circoscritte di rigidità arteriosa e di aterosclerosi;
3. le arteriole terminali, che definiscono le resistenze vascolari periferiche.

5.2.1   Biforcazioni delle arterie

Un importante sito di riflessione è costituito dalle biforcazioni delle arterie (Fig. 5.3). In corrispondenza di una biforcazione l'onda diretta (D_1) non solo si divide in due singole onde centrifughe (D_2 e D_3), ma genera anche un'onda riflessa (R), centripeta. L'ampiezza di queste onde è in rapporto all'angolo di biforcazione e al calibro dei rami secondari che originano dall'arteria principale.

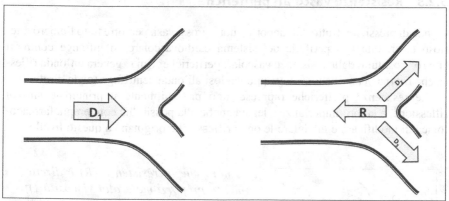

Fig. 5.3 Onde riflesse generate dalle biforcazioni delle arterie. D_1, onda diretta; D_2 e D_3, onde centrifughe; R, onda riflessa centripeta

5.2.2   Placche ateromasiche

Le placche ateromasiche, e le alterazioni segmentarie delle proprietà viscoelastiche delle arterie rappresentano un altro sito di riflessione (Fig. 5.4), rilevante in condizioni di stenosi emodinamicamente significative e di poliangiosclerosi.

L'onda diretta (D_1), in corrispondenza di un ateroma e di una stenosi vascolare si scompone in una componente diretta (D_2), che prosegue il suo "viaggio" attraverso il sistema vascolare in senso centrifugo, e una componente che viene invece "riflessa" dall'ostruzione endoluminale e "rispedita" in direzione del cuore (R).

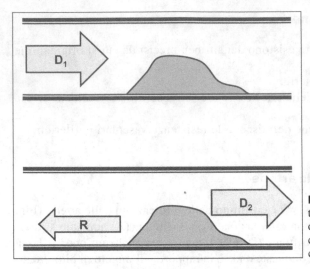

Fig. 5.4 Stenosi e fenomeni trombotici arteriosi generano onde riflesse. D_1 e D_2, onde centrifughe; R, onda riflessa centripeta

5.2.3 Resistenze vascolari periferiche

L'onda di pressione, frutto del rapporto cuore/grossi vasi, percorre tutto l'albero arterioso e, arrivata alla periferia del sistema cardiovascolare, si infrange contro il "muro" costituito dalle resistenze vascolari periferiche. Qui si genera un'onda riflessa che ritorna verso il cuore, sovrapponendosi all'onda centrifuga (onda diretta).

Le resistenze periferiche rappresentano probabilmente il principale sito di riflessione, e la loro importanza è legata anche alla possibilità con terapia farmacologica di modificare e modulare le onde riflesse che originano a questo livello.

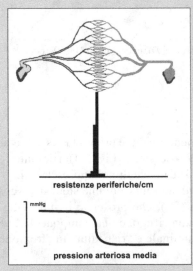

È noto che la resistenza (R) è direttamente proporzionale alla viscosità (η) e inversamente proporzionale alla quarta potenza del raggio (legge di Hagen-Poiseuille: $R=8\eta l/\pi r^4$); pertanto sono trascurabili le proprietà resistive a livello delle grandi arterie, mentre le resistenze vascolari sono concentrate a livello della arteriole precapillari (diametro <150 μ). Il sistema arteriolare rappresenta una sorta di strozzatura del sistema vascolare, e a questo livello si verifica una brusca caduta dei valori pressori (Fig. 5.5).

Fig. 5.5 Schematizzazione del sistema cardiovascolare (*in alto*). Prevalente localizzazione precapillare delle resistenze vascolari (*al centro*) e relativa caduta della pressione media (*in basso*)

5.3   Riflessione e pressione periferica

La sovrapposizione tra l'onda pressoria diretta e l'onda riflessa assume una particolare importanza a livello delle arterie "periferiche", a valle delle prime biforcazioni dell'aorta, come l'arteria brachiale, radiale, femorale, ecc. Cioè quelle arterie
in cui siamo soliti misurare la pressione arteriosa con i classici sfigmomanometri.

Le arterie periferiche si trovano a ridosso dei siti principali di riflessione
(siamo in prossimità della scogliera in cui si infrangono le onde), per cui la
sovrapposizione delle due onde, diretta e riflessa, inizia molto precocemente
nella fase sistolica (Fig. 5.6).

La conseguenza più evidente sarà che il picco pressorio risulta fortemente
influenzato dal ritorno delle onde riflesse, e la componente riflessa inciderà
pesantemente sul valore della pressione arteriosa sistolica. In conclusione, la
pressione sistolica nelle arterie periferiche è definita prevalentemente dalla
presenza delle onde di riflessione.

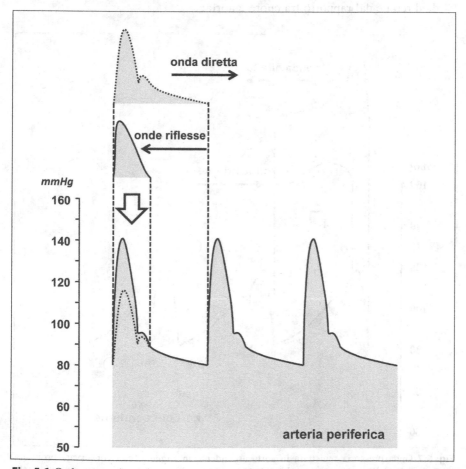

Fig. 5.6 Onda pressoria registrata in arteria periferica in soggetto con conservate proprietà
viscoelastiche della parete arteriosa. Precoce sovrapporsi delle onde riflesse all'onda pressoria
diretta

5.4   Riflessione e pressione centrale

La morfologia dell'onda pressoria dipende sempre dal rapporto temporale dell'incontro e sovrapposizione tra l'onda di pressione diretta (centrifuga) e le onde riflesse (centripete).

Dunque, dalla periferia del sistema vascolare l'onda pressoria riflessa "viaggia" in direzione centripeta, verso il cuore. In aorta ascendente il suo incontro con l'onda diretta avviene verso la fine della fase sistolica e la sovrapposizione delle due onde si protrae per tutta la fase diastolica (Fig. 5.7).

Questo si verifica quando le proprietà viscoelastiche delle grandi arterie sono integre. In queste situazioni sono evidenti due conseguenze sulla morfologia dell'onda pressoria centrale:

• il picco della pressione sistolica non è influenzato dal ritorno delle onde riflesse, e le onde riflesse non modificano il valore della pressione arteriosa sistolica. La pressione arteriosa sistolica è quindi definita solo dall'onda diretta e dal rapporto tra cuore e aorta;

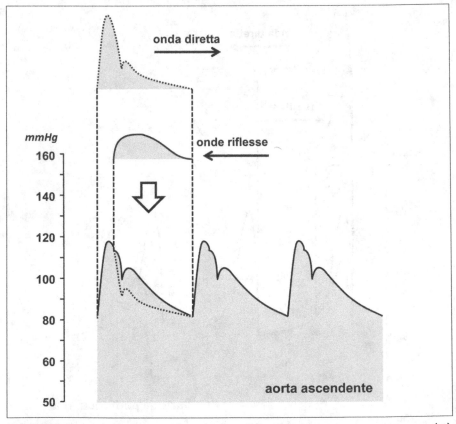

Fig. 5.7 Onda pressoria registrata in aorta ascendente in soggetto con conservate proprietà viscoelastiche della parete arteriosa. L'incontro tra le onde riflesse e l'onda diretta avviene in tele sistole e la sovrapposizione tra le due onde perdura durante tutta la diastole

- la fase diastolica si arricchisce delle onde riflesse, per cui la morfologia della fase diastolica della curva pressoria apparirà piena, convessa.

In sintesi, in normali condizioni fisiologiche, le onde di riflessione svolgono un ruolo positivo e hanno un effetto particolarmente vantaggioso, in quanto garantiscono un prolungamento di elevati valori pressori durante la fase diastolica, garantendo una buona portata coronarica, senza determinare un aumento del post-carico ventricolare sinistro.

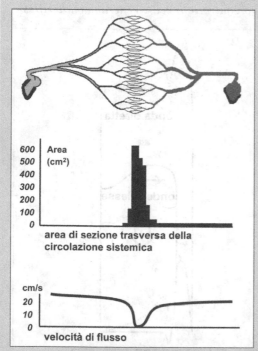

Fig. 5.8 Schematizzazione del sistema cardiovascolare (*in alto*). Rapido aumento a livello capillare e precapillare dell'area di sezione trasversa della globalità dei vasi (*al centro*) con conseguente relativa caduta della velocità di flusso (*in basso*)

In assenza del fenomeno della riflessione d'onda i comportamenti del flusso e della pressione sono strettamente legati tra di loro: a una data pressione corrisponde un dato flusso, con relazione lineare. Immaginiamo di innaffiare il prato del nostro giardino; più è forte la pressione dell'acqua, e più è veloce il flusso di acqua che esce dalla nostra pompa: questo rapporto è chiaramente lineare.

Anche nelle nostre arterie, nella fase sistolica iniziale, la curva di flusso e la curva di pressione si comportano in maniera analoga e sono sovrapponibili... ma quando compaiono le onde riflesse questo rapporto si altera ed è causa di divorzio dell'affiatata coppia pressione-flusso.

Il rapporto delle onde di pressione e delle onde di flusso riguardo al fenomeno della riflessione è radicalmente opposto. È noto che a livello della rete capillare l'area di sezione traversa totale diventa quasi seicento volte quella presente a livello delle grandi arterie, e la velocità di flusso subisce una netta caduta (Fig. 5.8). Si tratta di una condizione diametralmente opposta rispetto a quella che abbiamo visto riguardo all'onda di pressione, che urtando contro il muro delle resistenze vascolari periferiche genera le onde riflesse. L'onda riflessa di flusso, tornando verso il centro assume una morfologia negativa e speculare rispetto all'onda riflessa di pressione e nel momento in cui si sovrappo-

*ne all'onda diretta, determina una curva di flusso che risulta dall'onda
diretta a cui si sottrae l'onda riflessa.*

*Per comprendere la diversa relazione della pressione e della velocità di
flusso rispetto alle onde riflesse, proviamo per qualche minuto a chiude-
re gli occhi e a immaginare di fare una immersione subacquea (gli occhi
chiudeteli però dopo aver letto questo paragrafo!): ci troviamo immersi
vicino a una costa rocciosa, il mare è mosso, ci siamo spinti un po' al
largo inseguendo un banco di pesci variopinti e ora dobbiamo tornare
verso riva. Le onde si infrangono contro le rocce e generano onde rifles-*

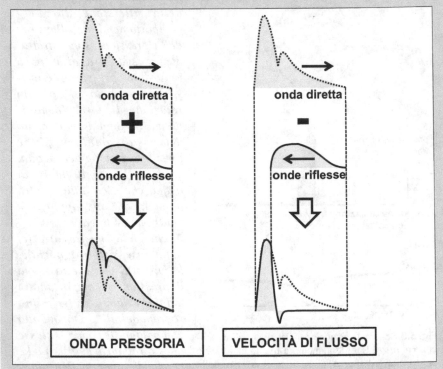

Fig. 5.9 Differente morfologia in aorta ascendente della morfologia dell'onda di pressione
(= onda diretta + onda riflessa) e dell'onda di flusso (= onda diretta − onda riflessa)

*se che vanno verso il largo. Incominciamo a nuotare con bracciate sem-
pre più potenti. A ogni bracciata avanziamo di qualche decina di centi-
metri, ma quando prevale la forza della spinta creata dalle onde riflesse
dalla scogliera, veniamo inesorabilmente spinti di nuovo verso il largo.
Più queste onde riflesse sono forti, più siamo costretti ad aumentare la
potenza delle bracciate, e più siamo ogni volta risospinti verso il largo
alla fine della nostra bracciata. A questo punto potete aprire gli occhi e
ragionare... una cosa analoga succede all'interno delle nostre arterie: la
nostra bracciata potente (gettata cardiaca) genera un movimento in*

avanti del nostro corpo (l'onda di pressione e l'onda di flusso hanno entrambe la stessa morfologia a pendenza positiva e ripida), fino a quando non incontriamo le onde riflesse dalle rocce (a questo punto le onde di pressione e di flusso divergono): siamo sospinti verso il largo e perdiamo terreno (fase negativa della curva di flusso) anche se continuiamo a fare uno sforzo intenso muscolare. In sintesi possiamo concepire la velocità di flusso come la risultante della sottrazione delle onde riflesse alla spinta generata dal sistema cuore-vasi.

Nel sistema circolatorio le onde di riflessione di pressione e le onde di riflessione di flusso sono quindi generate con orientamento opposto: l'onda di pressione registrata a livello delle grandi arterie, sarà la risultante dell'onda diretta a cui si somma l'onda riflessa (Fig. 5.9); mentre l'onda di flusso sarà la risultante dell'onda diretta a cui è sottratta l'onda riflessa:

pressione   = onda pressoria diretta + onda pressoria riflessa

velocità di flusso = onda di flusso diretta   −   onda di flusso riflessa

Questo spiega la differenza morfologica tra il profilo dell'onda pressoria e dell'onda di flusso in un medesimo segmento arterioso.

*Introduciamo ora brevemente il concetto di **impedenza**. L'impedenza rappresenta l'opposizione al flusso che si determina in un dato sistema idraulico. Un sistema avrà una bassa impedenza se, a parità di pressione, il flusso è elevato. Ritornando all'esempio riportato nel box precedente: se quando nuotiamo sott'acqua dopo una bracciata avanziamo rapidamente avremo una bassa impedenza, mentre se con una bracciata di eguale potenza stentiamo ad avanzare, allora avremo una elevata impedenza del sistema.*

*L'**impedenza caratteristica** (Z) del sistema è definita dal rapporto tra l'onda pulsata di pressione arteriosa e l'onda pulsata di flusso, nella fase iniziale del ciclo cardiaco, quando queste onde non sono influenzate dalle onde riflesse:*

$$Z = \frac{pressione}{flusso}$$

5.5   Il fenomeno dell'amplificazione della pressione arteriosa

Se confrontiamo ora la curva pressoria registrata nell'arteria periferica con la curva pressoria registrata in aorta, notiamo subito come i valori di pressione sistolica al centro siano visibilmente inferiori rispetto alla periferia (Fig. 5.10). Abbiamo quindi svelato il meccanismo che sta alla base del *fenomeno dell'amplificazione* della pressione arteriosa.

L'elemento principale che differenzia le due curve è la precocità di comparsa delle onde riflesse alla periferia rispetto al centro: alla periferia la pressione arteriosa sistolica è determinata dalla pressione diretta + la pressione riflessa, mentre al centro, arrivando ritardata l'onda riflessa, la pressione sistolica è determinata dalla sola onda diretta.

Il fenomeno dell'amplificazione è un fenomeno che stupisce per ingegnosità. Il solo fatto che in un sistema meccanico, idraulico, quale il sistema cardiovascolare, la pressione sia più elevata alla periferia piuttosto che al centro, è di per se sorprendente. Generalmente l'obiettivo degli apparati meccanici concepiti dall'uomo è quello di ridurre al minimo la dispersione dell'energia cinetica man mano che si va verso la periferia del sistema; invece nel caso del sistema cardiovascolare la pressione periferica è addirittura superiore alla pressione a livello della pompa-cuore.

Non dobbiamo dimenticare che alla pompa-cuore è richiesto un funzionamento continuativo ininterrotto per tempi estremamente lunghi, anche per oltre 100 anni; per cui il sistema si avvale di tutti quei fenomeni che possono permettere di ridurre al minimo indispensabile il lavoro del cuore.

L'obiettivo del sistema cardiovascolare è quello di trasportare e distribuire l'ossigeno e i substrati nutritivi ai tessuti periferici. Occorre pertanto mantenere il più basso possibile il rapporto tra lavoro cardiaco e perfusione periferica; per questo diventa particolarmente importante ottenere un'adeguata portata col

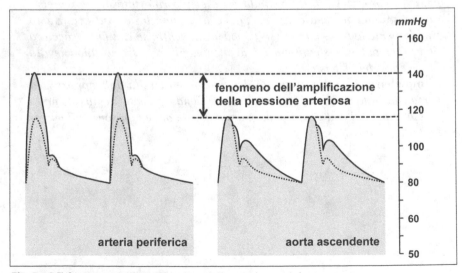

Fig. 5.10 Il fenomeno dell'amplificazione della pressione arteriosa

minimo sforzo cardiaco. È in questa ottica che si inquadra il fenomeno dell'amplificazione pressoria: a parità di pressione arteriosa periferica, una amplificazione elevata si associa a più bassi valori di pressione centrale, quindi a un minor post-carico e a un ridotto lavoro cardiaco.

5.5.1 Fattori che influenzano la pressione centrale e l'amplificazione

I principali fattori che incidono sulla pressione arteriosa centrale e che influenzano maggiormente il fenomeno dell'amplificazione pressoria, sono:
- la proprietà viscoelastiche dell'aorta e delle grandi arterie;
- l'entità e la variabilità delle onde riflesse, soprattutto in rapporto alle resistenze vascolari periferiche;
- la lunghezza dell'aorta (in pratica l'altezza del soggetto);
- la frequenza cardiaca;
- il fenomeno dell'attenuazione delle onde pressorie.

5.5.1.1 La rigidità vascolare (*arterial stiffness*)
Nel Capitolo 3, nel paragrafo sulle proprietà meccaniche delle grandi arterie, abbiamo visto come un'alterazione delle proprietà meccaniche dei grossi vasi arteriosi determini un aumento della pressione sistolica e una riduzione della pressione diastolica, con conseguente incremento della pressione differenziale o pressione pulsatoria (PP = pressione sistolica – pressione diastolica).

Alla periferia del sistema arterioso questo divario tra pressione sistolica e diastolica si accentua ulteriormente, a causa del precoce sovrapporsi dell'onda riflessa (Fig. 5.11).

L'aumento della velocità di trasmissione dell'onda di polso nelle grandi arterie è il principale indicatore di un'alterazione delle proprietà viscoelastiche della parete delle grandi arterie. Dunque, se l'onda pressoria diretta (centrifuga) si trasmette più velocemente a causa della rigidità vascolare, allo stesso modo l'onda riflessa (centripeta) ritornerà al centro più rapidamente. Pertanto, in condizioni di ridotta elasticità vascolare, l'incontro tra le due onde in aorta ascendente avviene molto precocemente, a livello della fase proto-mesosistolica e la loro sovrapposizione perdura durante tutta la fase sistolica (Fig. 5.12).

Due conseguenze sono evidenti in questa condizione di rigidità (*stiffness*) arteriosa:
- il picco sistolico è fortemente influenzato dal ritorno delle onde riflesse. La pressione arteriosa sistolica è cioè ulteriormente aumentata a causa della precoce presenza delle onde di riflessione, oltre che dal rapporto cuore-aorta (quest'ultimo già compromesso a causa dalle alterate proprietà viscoelastiche dell'aorta). Occorre sottolineare ancora una volta come le onde riflesse si sovrappongano in sistole a un'onda diretta che in condizioni di rigidità vascolare presenta già valori sistolici elevati, a causa dell'alterata funzione "tampone" dell'aorta;

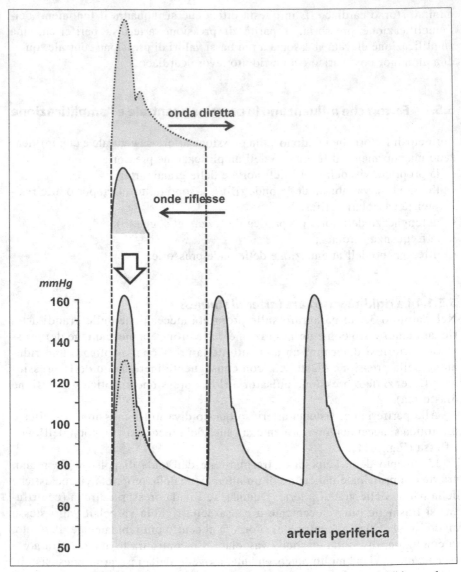

Fig. 5.11 Onda pressoria registrata in arteria periferica in soggetto con marcata rigidità vascolare. Precoce sovrapporsi delle onde riflesse a un'onda pressoria diretta già caratterizzata da un aumento dei valori sistolici e da una riduzione dei valori diastolici

• la fase diastolica rimane impoverita, priva dell'apporto delle onde riflesse, determinata unicamente dal rapporto cuore-aorta, per cui la morfologia della fase diastolica della curva pressoria apparirà vuota, concava.

In sintesi, in condizioni di aumentata rigidità vascolare (invecchiamento, ipertensione, calcificazioni vascolari ecc.) le onde riflesse precoci determinano un ulteriore aumento dei valori della pressione arteriosa sistolica e della

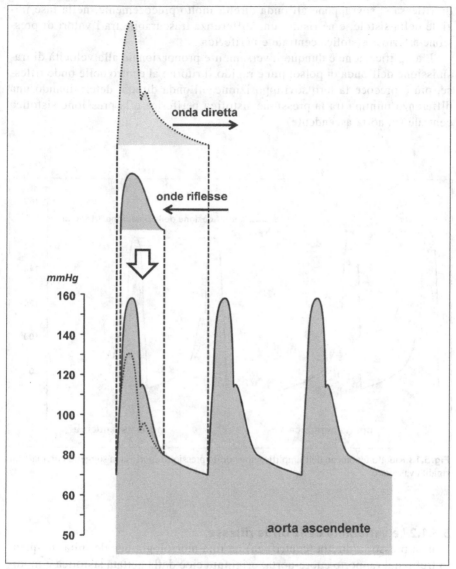

Fig. 5.12 Onda pressoria registrata in aorta ascendente in soggetto con marcata rigidità vascolare. L'incontro tra le onde riflesse e l'onda diretta avviene precocemente all'inizio della fase sistolica e la sovrapposizione tra le due onde si verifica prevalentemente durante tutta la sistole

pressione pulsatoria, quindi del post-carico, mettendo in crisi la funzione di pompa del cuore, e lasciano sempre più depauperata la fase diastolica, mettendo in crisi il flusso coronarico.

Andiamo ora a confrontare la curva pressoria registrata nell'arteria periferica con la curva pressoria registrata in aorta (Fig. 5.13). Al centro si verifica una condizione simile a quella che si verifica alla periferia: in entrambe l'onda riflessa si sovrappone all'onda diretta molto precocemente, nella fase iniziale della sistole, e ne risulta una differenza trascurabile tra i valori di pressione arteriosa sistolica centrale e periferica.

L'amplificazione è dunque inversamente proporzionale alla velocità di trasmissione dell'onda di polso: più è rapido il ritorno al centro delle onde riflesse, più è precoce la loro sovrapposizione all'onda diretta, determinando una differenza minima tra la pressione sistolica periferica e la pressione sistolica centrale (in aorta ascendente).

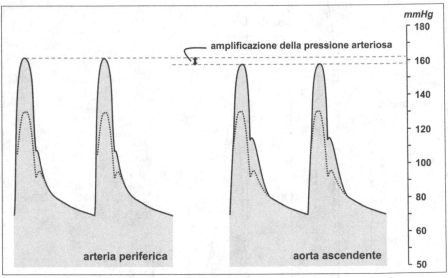

Fig. 5.13 Ridotto fenomeno dell'amplificazione della pressione arteriosa in soggetto con marcata rigidità vascolare

5.5.1.2 La variabilità delle onde riflesse

L'onda pressoria diretta (centrifuga) ha una morfologia ben definita, in quanto frutto del rapporto cuore-aorta, originata cioè dalla gettata sistolica e modificata in rapporto alle proprietà viscoelastiche delle grandi arterie. L'onda di riflessione (centripeta) rappresenta invece l'espressione dell'insieme di milioni di singoli siti di riflessione, presentandosi quindi con una morfologia alquanto variabile e irregolare. L'onda di riflessione non è quindi da intendersi come un elemento emodinamico unico e definito, ma è la risultante di multiple riflessioni d'onda.

Possiamo quindi ipotizzare, in soggetti con analoghe proprietà viscoelastiche della parete arteriosa, onde pressorie totalmente diverse in rapporto alla modalità con cui si generano e si sviluppano le onde riflesse.

Il caso presentato in Figura 5.14 si riferisce a un soggetto con normali proprietà meccaniche delle grandi arterie e normale velocità di trasmissione dell'onda di polso, in cui la componente diretta e quella riflessa si sovrappongono in telesistole. La modalità di presentazione delle onde riflesse determina onde pressorie a morfologia estremamente variabile.

Ancora più importante risulta la modalità di presentazione delle onde riflesse in condizioni di rigidità vascolare (Fig. 5.15).

La capacità di "modulare" l'intensità delle onde di riflessione, insieme alla modifica del loro *timing* di ritorno possono essere due importanti modalità di intervento della terapia farmacologica nell'ipertensione arteriosa.

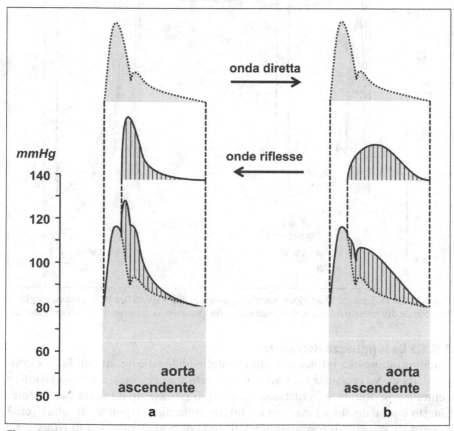

Fig. 5.14 Curva di pressione arteriosa centrale registrata in due soggetti (**a** e **b**) con conservate proprietà viscoelastiche di parete arteriosa e differente morfologia dell'onda pressoria, pur avendo la stessa onda pressoria diretta. L'onda diretta è unica, frutto del rapporto cuore-aorta (*in alto*), le onde riflesse invece originano dalle biforcazioni e dai vasi di resistenza, quindi la morfologia delle onde riflesse è variabile (*al centro*), l'onda pressoria risultante dal sovrapporsi delle onde dirette e riflesse sarà quindi di diversa morfologia (*in basso*)

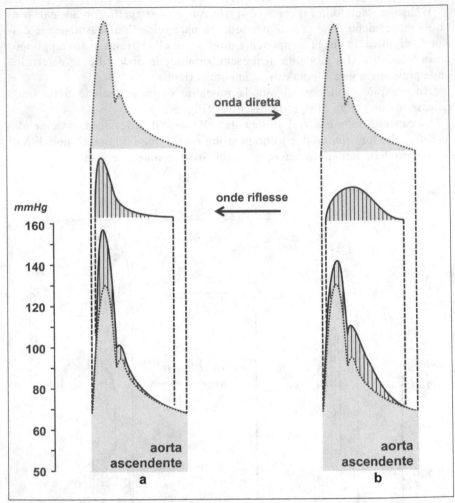

Fig. 5.15 Curva di pressione arteriosa centrale registrata in due soggetti (**a** e **b**) con marcata rigidità vascolare e differente morfologia dell'onda pressoria, pur avendo la stessa onda pressoria diretta

5.5.1.3 La lunghezza dell'aorta

Un altro fattore che influenza il ritorno delle onde riflesse, quindi la morfologia della curva pressoria centrale e il rapporto tra pressione arteriosa sistolica centrale e periferica, è la distanza tra i siti di riflessione e l'aorta ascendente. Questo è un dato abbastanza ovvio: infatti, a parità di rigidità vascolare (cioè a parità di velocità di trasmissione dell'onda di polso), più i siti di riflessione sono vicini al centro, più precocemente arriva l'onda riflessa in aorta ascendente, con conseguente riduzione del fenomeno di amplificazione della pressione arteriosa.

L'altezza del soggetto è il parametro che meglio correla con la lunghezza dell'aorta e la distanza dei siti di riflessione. Possiamo quindi immaginare cosa possa accadere nelle condizioni estreme:

- *soggetto di bassa statura*, con ridotta lunghezza dell'aorta e siti di riflessione più vicini al centro: in questo caso le onde centrifughe raggiungono rapidamente i siti di riflessione; il ritorno delle onde riflesse è rapido e si sovrappongono precocemente all'onda diretta in aorta ascendente; ne consegue una ridotta amplificazione della pressione arteriosa;
- *soggetto di alta statura*, con elevata lunghezza dell'aorta e siti di riflessione più lontani dal centro: in questo caso le onde centrifughe impiegano più tempo a raggiungere i siti di riflessione; il ritorno delle onde riflesse è tardivo e si sovrappongono tardivamente all'onda diretta in aorta ascendente; ne consegue un accentuato fenomeno di amplificazione della pressione.

Cioè, a parità di elasticità vascolare, quindi a parità di velocità di trasmissione dell'onda pressoria, se la lunghezza dell'aorta e dei grossi tronchi arteriosi è maggiore (soggetti di alta statura), le onde riflesse impiegheranno più tempo per arrivare in aorta ascendente, determinando un aumento nell'amplificazione pressoria, quindi una riduzione nel post-carico.

Tutto questo potrebbe essere considerato come un ideale fenomeno di compensazione. Infatti, se consideriamo ancora una volta l'attività della pompa-cuore, e la necessità di ridurre sempre al minimo il lavoro cardiaco, guardando la popolazione generale verrebbe spontaneo ipotizzare che i soggetti di statura più piccola siano privilegiati, poiché richiedono un'attività cardiaca inferiore per garantire la vascolarizzazione a una superficie ridotta. Effettivamente, nel caso dei soggetti di piccola taglia il sistema cardiovascolare deve perfondere territori meno vasti e più vicini, quindi il lavoro cardiaco dovrebbe essere inferiore, rispetto ai soggetti di corporatura più grande. Si potrebbe quindi ipotizzare una maggior sopravvivenza nei soggetti più "piccoli", ma così non è. È qui che entra in gioco il ruolo dell'amplificazione pressoria e rende giustizia agli "alti": infatti, a parità di pressione periferica, la pressione centrale è inferiore nei soggetti di alta statura. Grazie a questi fenomeni di bilanciamento e compensazione, globalmente possiamo ritenere quindi che il lavoro cardiaco non venga significativamente influenzato dalla taglia del soggetto.

5.5.1.4 La frequenza cardiaca

Le modalità con le quali la frequenza cardiaca influisce sulla morfologia dell'onda pressoria centrale e sul rapporto onda diretta-onda riflessa sono complesse e contrastanti.

In primo luogo la frequenza cardiaca influenza la velocità di trasmissione dell'onda di polso: un aumento della frequenza cardiaca, o più precisamente una riduzione del tempo di eiezione sistolico, si accompagna a un incremento della velocità dell'onda di polso. Quindi un aumento della frequenza, aumentando la velocità di trasmissione dell'onda di polso, dovrebbe in teoria determinare una riduzione del fenomeno dell'amplificazione.

Tuttavia vi è un'azione predominante della frequenza cardiaca che non è funzione della precocità di ritorno dell'onda riflessa, bensì del complesso rapporto tra la morfologia dell'onda diretta e il ritorno dell'onda riflessa (Fig. 5.16).

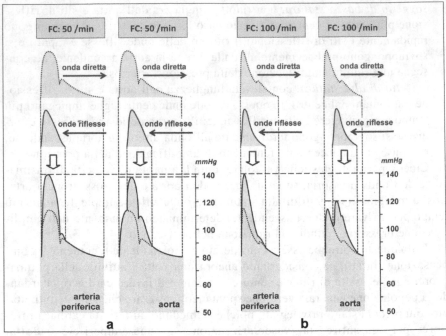

Fig. 5.16 Modifica del fenomeno dell'amplificazione nel medesimo soggetto al variare della frequenza cardiaca (FC): riduzione dell'amplificazione in condizioni di bassa frequenza (**a**) e aumento dell'amplificazione in condizioni di elevata frequenza cardiaca (**b**)

Un aumento della frequenza cardiaca si accompagna a una proporzionale riduzione della fase diastolica del ciclo cardiaco, con scarsa modifica del tempo sistolico. La principale conseguenza della riduzione del tempo diastolico sarà quindi una diminuzione del riempimento diastolico del ventricolo sinistro; questo determina un cambiamento della morfologia dell'onda pressoria centrale, caratterizzata dal rapido raggiungimento di un picco sistolico, seguito da una rapida caduta dei valori pressori. Quando ritorna al centro, l'onda riflessa tenderà per lo più a sovrapporsi all'onda diretta in corrispondenza della sua "fase discendente". Grazie a questo processo, alle frequenze cardiache elevate il ritorno dell'onda riflessa partecipa solo in minima parte a definire i valori della pressione arteriosa sistolica aortica; la conseguenza è un aumento della differenza tra la pressione sistolica periferica e la sistolica centrale (Fig. 5.16b).

Viceversa, in condizione di bassa frequenza cardiaca la riduzione della velocità dell'onda di polso, quindi il ritardato ritorno dell'onda riflessa, è controbilanciato dal completo sovrapporsi dell'onda riflessa al picco sistolico dell'onda diretta, con conseguente riduzione dell'amplificazione della pressione alle basse frequenze (Fig. 5.16a). Questa riduzione della differenza tra pressione arteriosa periferica e pressione arteriosa centrale che si riscontra in condizione di bassa frequenza cardiaca è considerata la causa principale (non la sola!) della minor riduzione della pressione arteriosa centrale in corso di terapia con β-bloccanti.

Non dobbiamo comunque dimenticare che la riduzione della frequenza cardiaca rappresenta probabilmente il principale evento in grado di ridurre il lavoro del cuore e di migliorarne la perfusione coronarica. È quindi necessario che, nella valutazione del lavoro cardiaco globale, questi due elementi – amplificazione e frequenza cardiaca – siano considerati insieme nel contesto generale.

Spesso corriamo il rischio di considerare i valori di pressione arteriosa come qualcosa di oggettivo, di esterno, quasi estraneo alla fisiologia globale dell'organismo, a cui riferire il buono o il cattivo funzionamento della "macchina uomo". Numeri da inserire nel data-base, da valutare in termini di mortalità, morbilità; da gestire magari in associazione ad altri "numeri" (frequenza cardiaca, colesterolo, PCR, glicemia, ecc.). "Dimmi i tuoi valori di pressione e ti dirò il tuo rischio cardiovascolare!". Ingenti risorse vengono investite nell'affannosa ricerca del valore pressorio che più renda conto delle "curve di sopravvivenza": pressione diastolica, pressione media, pressione pulsatoria, pressione pulsatoria centrale, da ultimo l'amplificazione della pressione pulsatoria.

Talvolta questa impostazione scientifica viene messa in crisi dai risultati degli stessi studi clinici. Un esempio paradigmatico è rappresentato dal dilemma frequenza cardiaca/amplificazione pressoria. Dapprima studi clinici accertano che una bassa frequenza cardiaca è un elemento favorevole sul rischio cardiovascolare, successivamente, quando si accerta che basse frequenze si accompagnano a una riduzione dell'amplificazione della pressione pulsatoria, il sistema viene messo in crisi, fino a relegare i beta-bloccanti a farmaci di secondo impiego, accusati di non essere in grado di abbassare adeguatamente la pressione arteriosa centrale. Si ha l'amara sensazione che fisiologi e clinici si siano arresi agli statistici, e l'intuizione e la genialità umana si siano arrese ai sistemi di calcolo ed elaborazione dati.

Occorre un attimo di riflessione e riconsiderare la persona nella sua globalità, come entità fisiologica indivisibile; è necessario ricominciare a interrogarci sugli eventi fisiologici e fisiopatologici e prediligere gli strumenti che permettano di approfondire questi eventi.

5.5.1.5 Il fenomeno dell'attenuazione dell'onda pressoria

Da quanto detto riguardo al fenomeno dell'amplificazione, sembra che ci sia uno stretto legame tra amplificazione e distensibilità vascolare, ovvero tra amplificazione e proprietà viscoelastiche della parete arteriosa. Ci aspetteremmo dunque una progressiva riduzione dell'amplificazione con l'età, e il riscontro di valori particolarmente elevati in età pediatrica e nell'adolescenza.

Nella pratica clinica, invece, in soggetti molto giovani, in cui si presuppone un'eccellente elasticità vascolare, spesso si riscontra l'assenza del fenomeno dell'amplificazione, anzi, non è raro trovare situazioni in cui i valori di pressione sistolica in periferia sono inferiori ai valori aortici.

Una situazione analoga si riscontra anche nei piccoli animali da labora-
torio. Questi sono caratterizzati da una marcata distensibilità vascolare,
con valori di velocità dell'onda di polso intorno ai 4-5 m/s. Ebbene,
nello studio dei valori pressori con doppio cateterismo (in femorale e in
aorta ascendente) è di comune riscontro una pressione più elevata in
aorta rispetto alla periferia.

Ancora una volta dobbiamo pensare al sistema arterioso come a un circuito idraulico. L'onda di pressione generata dal rapporto cuore-aorta (onda di
pressione diretta, centrifuga) lungo il suo tragitto disperde energia. Tale dispersione è trascurabile in condizioni di rigidità vascolare, o di normali proprietà viscoelastiche della parete arteriosa, mentre è elevata in condizioni di
accentuata distensibilità vascolare (Fig. 5.17). L'onda arrivata in periferia in
"formato ridotto" genera onde riflesse anch'esse in "formato ridotto", che
ritorneranno al centro. Con questo meccanismo è possibile avere pressioni
sistoliche periferiche inferiori alle pressioni sistoliche in aorta, con assenza
del fenomeno di amplificazione.

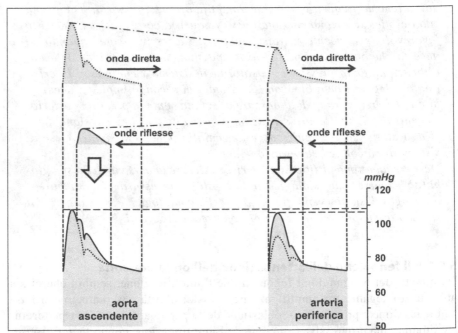

Fig. 5.17 Fenomeno dello smorzamento dell'onda pressoria. In presenza di un'elevata distensibilità vascolare l'ampiezza dell'onda pressoria si attenua dal centro alla periferia (*in alto*), genera quindi onde riflesse più attenuate, che ritornano verso il centro (*al centro*). Il risultato sarà quindi una
netta riduzione dell'amplificazione della pressione arteriosa (*in basso*), fino a valori pressori in aorta ascendente maggiori rispetto alla periferia del sistema, come nel caso riportato in figura

Questo fenomeno appare più chiaro se pensiamo a un modello elettrico (Fig. 5.18): se concepiamo la distensibilità aortica come un condensatore inserito nel nostro modello, più la capacità del condensatore è elevata, e maggiore sarà l'accumulo di energia nel nostro sistema.

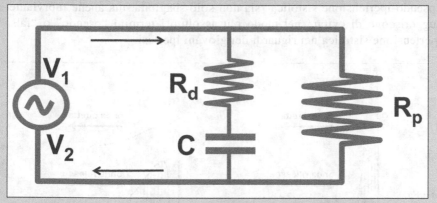

Fig. 5.18 Modello elettrico corrispondente al sistema cardiovascolare. Il modello consiste di una resistenza (R_p), che rappresenta le resistenze vascolari periferiche, in parallelo con un complesso costituito da una resistenza (R_d) in serie con un condensatore (C), che rappresenta la compliance statica

5.6 La cosiddetta "pseudo-ipertensione sistolica giovanile"

Il riscontro di elevati valori di pressione arteriosa sistolica in soggetti giovani è abbastanza frequente nella pratica clinica (all'incirca il 3-4% dei teenager); si tratta talvolta di soggetti di sesso maschile, in buona salute, alti, magri, che praticano regolarmente attività sportiva. I valori pressori di tali soggetti sono generalmente molto variabili.

In un certo numero di casi lo studio della pressione arteriosa centrale ha documentato valori di pressione sistolica normale, pur in presenza di una sistolica brachiale elevata. In questi soggetti è stata proposta la diagnosi di "pseudo-ipertensione sistolica" (*spurious systolic hypertension*), con la raccomandazione di limitare tale diagnosi ai casi che rispondano a precise caratteristiche (Fig. 5.19):

- un aumento dei valori di pressione sistolica interamente dovuto a una forma dell'onda pressoria periferica caratterizzata da uno *spike* sistolico precoce;
- normali valori di pressione diastolica in arteria brachiale;
- normali valori di pressione arteriosa media definita dall'integrale della curva pressoria brachiale;
- normale morfologia e ampiezza della curva pressoria carotidea in rapporto all'età.

Dopo le prime segnalazioni di casi di pseudo-ipertensione si è registrata la tendenza a considerare come pseudo-ipertensione tutti i casi in cui si riscontravano elevati valori pressori sistolici in soggetti giovani, tralasciando di eseguire gli opportuni accertamenti diagnostici. Evidentemente tale atteggiamento tendente a generalizzare il concetto di pseudo-ipertensione sistolica rischia di diventare pericoloso, in quanto non permette di isolare e studiare a fondo i casi di vera ipertensione giovanile.

Alcuni autorevoli ipertensivologi ritengono pertanto che la definizione di "pseudo-ipertensione sistolica" sia non solo sbagliata, ma anche fuorviante e suggeriscono di evitare nel modo più assoluto i termini "pseudo" o "falsa" ipertensione sistolica nei riguardi dei giovani ipertesi.

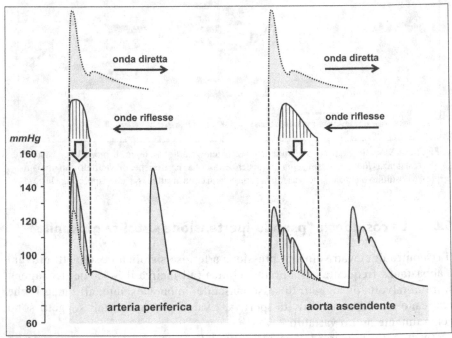

Fig. 5.19 Meccanismo emodinamico alla base della pseudo-ipertensione sistolica giovanile: una energica gettata cardiaca e onde riflesse precoci alla periferia del sistema arterioso determinano pressioni sistoliche periferiche elevate (150 mmHg), mentre in aorta ascendente, a causa del lento ritorno al centro delle onde riflesse, per la buona distensibilità vascolare, i valori pressori sono molto inferiori (125 mmHg)

Analisi della curva di pressione centrale

6

> *"Poiché le informazioni che il polso ci offre sono di così grande importanza, e viene così spesso esaminato, certamente deve essere nostro tornaconto apprezzare pienamente tutto ciò che esso ci dice, e catturare ogni dettaglio che esso è capace di rivelarci."*
>
> Frederick Akbar Oratio Mahomed (1872)

Così scriveva nel 1872 Mahomed genio della fine del XIX secolo, considerato il pioniere dell'analisi dell'onda di polso (*pulse wave analysis*, PWA). Dopo i primi entusiasmi riguardo allo studio della morfologia dell'onda del polso arterioso, questa analisi cadde in disuso, soprattutto per due motivi: la morte precoce del giovane Mahomed e la scoperta dello sfigmomanometro di Riva-Rocci. Da allora le due cifre, pressione minima e massima, hanno affossato e reso obsoleta la possibilità di acquisire e studiare la curva pressoria nella sua globalità.

L'analisi dell'onda di polso è una tecnica che consiste nella registrazione accurata dell'onda di pressione arteriosa centrale e nella valutazione delle sue varie componenti.

Nelle Tabelle 6.1 e 6.2 e nelle Figure 6.1 e 6.2 sono riportati i principali parametri utilizzati nello studio della morfologia della curva della pressione arteriosa centrale.

L'elemento che caratterizza maggiormente la fase sistolica dell'onda pressoria è il punto di inflessione (P_i), che rappresenta il punto in cui l'onda diretta incontra l'onda riflessa. Il tipico aspetto con cui si presenta sull'onda pressoria, a forma di "spalla", ha indotto gli anglofoni a chiamarlo *shoulder* e i francofoni *épaule*. Il ritardo nella comparsa dell'onda di pressione riflessa è definito dal tempo di comparsa (T_i).

P. Salvi, *Onde di polso,*
© Springer-Verlag Italia 2012

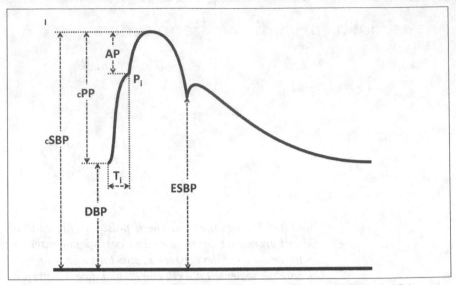

Fig. 6.1 Parametri definiti nell'analisi della morfologia dell'onda pressoria (parte I). *AP* (*augmented pressure*), pressione incrementale determinata dall'onda riflessa; *DBP* (*diastolic blood pressure*), pressione arteriosa diastolica; *ESBP* (*end-systolic blood pressure*), pressione telesistolica; *cSBP* (*central systolic blood pressure*), pressione arteriosa sistolica centrale; *P$_i$*, punto di inflessione; *cPP* (*central pulse pressure*), pressione pulsatoria centrale; *T$_i$*, tempo di comparsa dell'onda riflessa

Tabella 6.1 Parametri utilizzati nello studio dell'onda pressoria centrale (*parte I*)

Pressione arteriosa sistolica centrale *Central systolic blood pressure*	**cSBP**	Valore massimo pressorio durante la fase sistolica (corrisponde al valore più elevato dell'onda pressoria)
Pressione arteriosa diastolica *Diastolic blood pressure*	**DBP**	Valore pressorio in tele-diastole (corrisponde al valore minimo del l'onda pressoria)
Pressione pulsatoria centrale *Central pulse pressure*	**cPP = cSBP – DBP**	Pressione pulsatoria, cioè la variazione sisto-diastolica della pressione arteriosa
Pressione telesistolica *End-systolic blood pressure*	**ESBP**	Valore pressorio alla fine del periodo sistolico
Ritardo delle onde riflesse *Travel time of the reflected wave*	**T$_i$**	Tempo di comparsa dell'onda di riflessione (corrispondente al P$_i$) sulla curva
Pressione al punto di inflessione *Blood pressure at inflection point*	**P$_i$**	Valore pressorio corrispondente al punto della curva nel quale l'onda riflessa inizia a sovrapporsi all'onda incidente
Pressione incrementale *Augmented pressure*	**AP = cSBP – P$_i$**	Incremento pressorio dovuto alla precoce comparsa dell'onda di riflessione

(*cont.*) →

Tabella 6.1 (continua)

Augmentation index	$AIx = 100 \cdot \dfrac{AP}{cPP}$	Entità dell'incremento pressorio dovuto alla precoce comparsa dell'onda di riflessione in rapporto alla pressione pulsata
Augmentation rate	$Ar = \dfrac{AP}{(Pi\text{-}DBP)}$	Entità dell'incremento pressorio dovuto alla precoce comparsa dell'onda di riflessione in rapporto alla pressione incidente

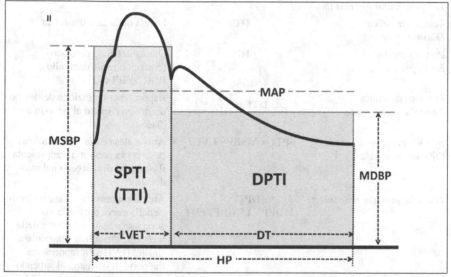

Fig. 6.2 Parametri definiti nell'analisi della morfologia dell'onda pressoria (parte II). *DT* (*diastolic time*), durata della fase diastolica; *DPTI* (*diastolic pressure time index*), indice pressione-tempo della fase diastolica; *HP* (*heart period*), durata dell'intero ciclo cardiaco; *LVET* (*left ventricular ejection time*), durata della fase sistolica; *MAP* (*mean arterial pressure*), pressione arteriosa media; *MDBP* (*mean diastolic blood pressure*), media dei valori pressori della fase diastolica; *MSBP* (*mean systolic blood pressure*), media dei valori pressori della fase sistolica; *TTI* (*tension time index*), indice tensione-tempo; *SPTI* (*systolic pressure time index*), indice pressione-tempo della fase sistolica

Tabella 6.2 Parametri utilizzati nello studio dell'onda pressoria centrale (*parte II*)

Pressione arteriosa media *Mean arterial pressure*	**MAP**	Pressione arteriosa media (corrisponde alla media dei singoli valori pressori istantanei dell'onda pressoria)
Pressione pulsatoria media *Mean pulse pressure*	**MPP = MAP – DBP**	Media della pressione pulsatoria
Pressione arteriosa media sistolica *Mean systolic blood pressure*	**MSBP**	Valore medio della pressione nel periodo sistolico
Pressione arteriosa media diastolica *Mean systolic blood pressure*	**MDBP**	Valore medio della pressione nel periodo diastolico
Tempo sistolico *Left ventricular ejection time*	**LVET**	Durata della fase sistolica
Tempo diastolico *Diastolic time*	**DT**	Durata della fase diastolica
Periodo cardiaco *Heart period*	**HP**	Durata del ciclo cardiaco (corrisponde all'intervallo R'-R' dell'ECG)
Frazione diastolica *Diastolic time fraction*	$$DTF = \frac{DT}{HP}$$	Rappresenta la frazione del tempo diastolico rispetto al periodo cardiaco
Systolic pressure time index *(Tension time index)*	**SPTI = MSBP · LVET**	Area sottesa dalla fase sistolica della curva pressoria; rappresenta il consumo di ossigeno nel miodocardio
Diastolic pressure time index	**DPTI = (MDBP - LVDBP) · DT**	Area compresa tra la fase diastolica della curva pressoria in aorta ascendente e la curva della pressione diastolica ventricolare sinistra (LVDBP); rappresenta l'apporto di ossigeno al subendocardio
Tonometric *diastolic pressure time index*	**tonoDPTI = MDBP · DT**	Area sottesa dalla fase diastolica della curva pressoria; è praticamente un DPTI che non tiene conto della pressione diastolica ventricolare
Indice di SEVR (indice di Buckberg) *Subendocardial viability ratio*	$$SEVR = \frac{DPTI}{SPTI}$$	Rappresenta il rapporto tra l'apporto (DPTI) e il consumo (SPTI) di ossigeno al subendocardio
Indice di SEVR tonometrico *Tonometric* *subendocardial viability ratio*	$$tonoSEVR = \frac{tonoDPTI}{SPTI}$$	Rapporto tra le aree sottese alla fase diastolica e alla fase sistolica della curva pressoria; è praticamente un SEVR che non tiene conto della pressione diastolica ventricolare

(cont.) →

Tabella 6.2 (continua)

Amplificazione della pressione *Amplification phenomenon* *(mmHg)*	**pSBP – cSBP**	Definisce la differenza tra i valori pressori sistolici misurati all'arteria omerale (PSBP) rispetto ai valori di pressione arteriosa sistolica in aorta ascendente (cSBP)
Amplificazione della pressione pulsatoria *Pulse pressure amplification (%)*	$PPA = \dfrac{(pPP - cPP)}{cPP}$	Definisce la percentuale di incremento dei valori pressori misurati all'arteria omerale (pPP) rispetto ai valori di pressione pulsatoria misurata in aorta ascendente (cPP)
Form factor	$FF = \dfrac{MPP}{cPP}$	Rapporto tra la media dell'onda pulsatoria e la pressione pulsatoria; è un tentativo di "quantificare" la morfologia dell'onda pulsatoria

6.1 L'augmentation index (AIx)

L'*augmentation index* (AIx) è un parametro che fornisce indicazioni su quanto l'onda riflessa incida sul totale della pressione pulsatoria. Il "peso" dell'onda riflessa è in funzione sia della precocità di sovrapposizione all'onda diretta, sia dell'entità e della distribuzione delle onde di riflessione. L'AIx è rappresentato dal rapporto tra la pressione incrementale (AP), attribuibile alle onde riflesse, e l'ampiezza della pressione pulsatoria, o pressione differenziale (PP = PAS – PAD).

$$AIx = \frac{AP}{PP}$$

Abbiamo visto come in condizioni di maggior rigidità vascolare le onde riflesse si sovrappongano precocemente all'onda diretta, determinando quindi un aumento della pressione sistolica. L'AIx è un parametro di grande aiuto nel quantificare il ruolo della riflessione d'onda nell'incremento dei valori pressori.

Per convenzione questo rapporto assume un valore negativo quando il punto di inflessione P_i (che rappresenta il punto di incontro tra l'onda diretta e le onde riflesse) cade dopo il picco sistolico; viceversa l'AIx è positivo se il P_i precede il picco sistolico (Fig. 6.3). Questo stratagemma, o convenzione, permette di avere un *continuum* di valori di AIx in rapporto alla progressiva anticipazione nella comparsa delle onde riflesse.

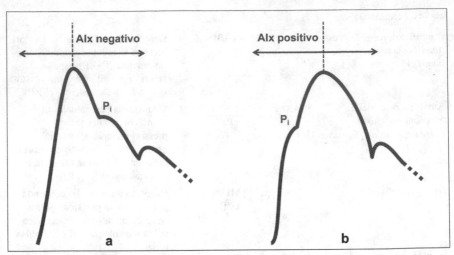

Fig. 6.3 I valori di augmentation index (*AIx*) sono negativi se il punto di incontro tra l'onda diretta e le onde riflesse (*P$_i$*) cade dopo il picco sistolico (**a**), e sono positivi se il P$_i$ precede il picco sistolico (**b**)

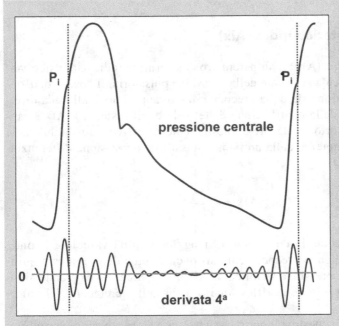

Fig. 6.4 Il punto di incontro tra l'onda diretta e le onde riflesse (*P$_i$*) viene definito dallo 0-crossing della derivata 4^a dopo il primo picco positivo

Il punto di inflessione (P$_i$), corrispondente al punto di incontro tra onda pressoria diretta e onda riflessa e nella maggior parte dei casi è facilmente riconoscibile sulla curva pressoria. Tuttavia a volte il P$_i$ non è chiaramente evidenziabile. Bisogna allora ricorrere all'analisi della derivata quarta. Il punto P$_i$ corrisponde infatti allo "0" crossing della derivata quarta dopo il primo picco positivo (Fig. 6.4).

I fattori che condizionano l'AIx sono gli stessi che abbiamo visto influenzare la pressione arteriosa centrale:
- la rigidità vascolare (precocità delle onde riflesse);
- l'entità e la variabilità delle onde riflesse, soprattutto in rapporto alle resistenze vascolari periferiche;
- l'altezza del soggetto (distanza dei siti di riflessione);
- la frequenza cardiaca;
- il fenomeno dell'attenuazione dell'onda pressoria.

A questi parametri occorre anche aggiungere il sesso: infatti, nel caso dell'AIx numerosi studi hanno evidenziato valori significativamente più elevati nelle femmine rispetto ai maschi, indipendentemente dall'altezza del soggetto.

Considerando il gran numero di fattori che possono influenzare l'AIx possiamo comprendere quanto sia inesatto e scorretto utilizzarlo come unico parametro per studiare la rigidità vascolare. In altre parole, mentre possiamo utilizzare a ragione la velocità di trasmissione dell'onda di polso (PWV) per definire le proprietà viscoelastiche dell'aorta, perché esiste una precisa equazione che lega la PWV e la distensibilità vascolare, non è consentito utilizzare l'AIx come parametro che definisce la distensibilità delle grandi arterie. Non è raro infatti osservare una netta discrepanza tra i valori di PWV e i valori di AIx; questo è dovuto ai molteplici fattori che concorrono a definire l'AIx.

La frequenza cardiaca (FC) è uno dei principali parametri che influiscono sui valori dell'AIx. È stato calcolato che un aumento della FC di 10 battiti/min determina una riduzione dell'AIx del 3,9%. Per eliminare l'effetto della FC è quindi possibile correggere il valore dell'AIx, normalizzando i dati per una frequenza cardiaca standard.

Per normalizzare i dati per una frequenza di 75 bpm (AIx@75) è sufficiente applicare la seguente formula:

$$AIx@75 = AIx - 0,39 \cdot (75 - FC)$$

Per esempio:

- *per un AIx di 20 e una FC di 90 bpm: AIx@75 = 20 − 0,39 · (75 − 90) = 25,85*
- *per un AIx di 20 e una FC di 50 bpm: AIx@75 = 20 − 0,39 · (75 − 50) = 10,25*

Sussistono tuttavia molte riserve sull'utilizzo di questa formula. Infatti, è stata ottenuta in uno studio che ha utilizzato la funzione di trasferimento del tonometro SphygmoCor su una precisa popolazione e in particolari condizioni; non sarebbe quindi corretto estenderla ad altre situazioni, in cui si studiano soggetti di età differenti, in differenti condizioni, con altre strumentazioni. Un'alternativa valida, e preferibile, può essere pertanto costituita dall'incorporare nei modelli statistici la frequenza cardiaca nelle covariate: in questo modo i valori di AIx sono normalizzati per i valori di frequenza cardiaca.

Ci prendiamo ora una pausa e guardiamo un po' di immagini: si tratta di alcune curve della pressione arteriosa centrale corrispondenti a soggetti in diverse decadi di vita (Figg. 6.5-6.13).

Il lettore è chiamato a focalizzare l'attenzione soprattutto su due elementi che si modificano palesemente nella progressione dell'età:

1. L'inflessione corrispondente all'inizio della sovrapposizione delle onde riflesse (P_i), che viene sempre più anticipato con l'età:
   - in giovane età l'inflessione (P_i) è presente dopo il picco sistolico e questo determina valori negativi di AIx; i valori di pressione arteriosa sistolica in questi casi non sono minimamente influenzati dall'arrivo delle onde riflesse;
   - nell'età adulta la curva assume una morfologia "a gobba di cammello" e i valori di AIx si aggirano intorno allo "0"; anche in questi casi l'influenza delle onde riflesse sulla pressione arteriosa sistolica appare trascurabile;
   - con l'ulteriore avanzare dell'età i valori di AIx si fanno marcatamente positivi, tanto che la pressione arteriosa sistolica è determinata prevalentemente dalle onde riflesse che si sono sovrapposte precocemente alle onde dirette;
2. La morfologia della fase diastolica della curva, che va progressivamente "svuotandosi", impoverendosi: convessa nel giovane, concava nell'anziano; collina nel giovane, cratere nell'anziano...

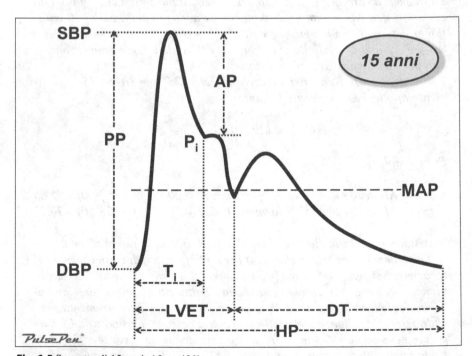

Fig. 6.5 Soggetto di 15 anni. AIx: –43%

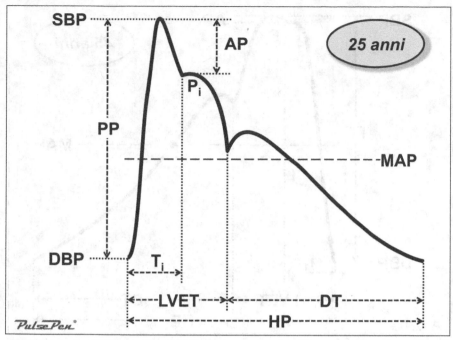

Fig. 6.6 Soggetto di 25 anni. AIx: −24%

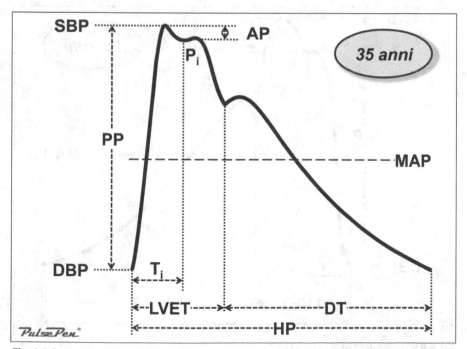

Fig. 6.7 Soggetto di 35 anni. AIx: −5%

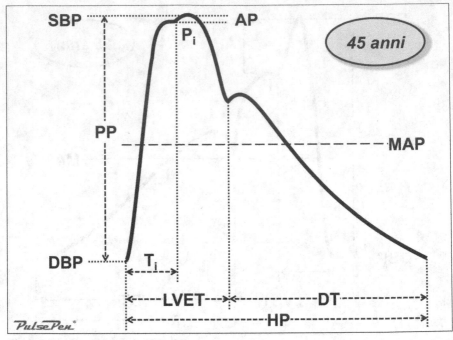

Fig. 6.8 Soggetto di 45 anni. AIx: +3%

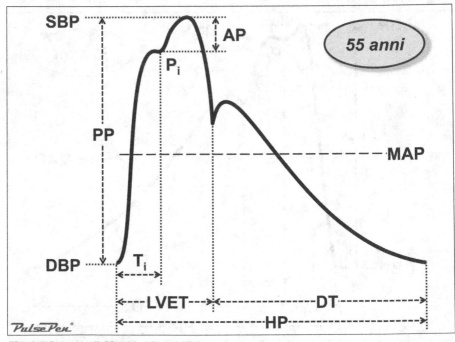

Fig. 6.9 Soggetto di 55 anni. AIx: +14%

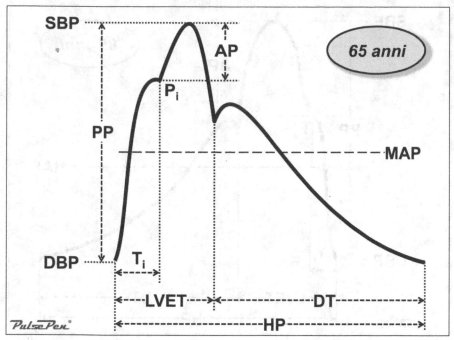

Fig. 6.10 Soggetto di 65 anni. AIx: +24%

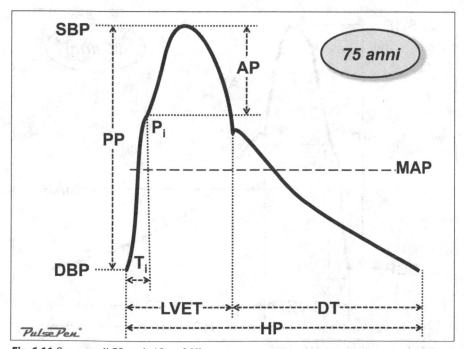

Fig. 6.11 Soggetto di 75 anni. AIx: +36%

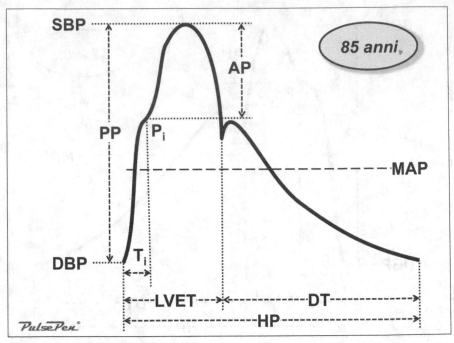

Fig. 6.12 Soggetto di 85 anni. AIx: +42%

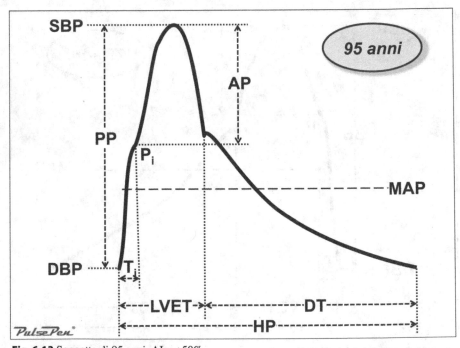

Fig. 6.13 Soggetto di 95 anni. AIx: +50%

Secondo la classificazione proposta da Murgo (1980) (Tabella 6.3, Fig. 6.14), successivamente modificata da Nichols (1992), è possibile distinguere quattro tipi di morfologie d'onda, in base alla precocità di comparsa dell'onda di riflessione

Tabella 6.3 Classificazione della morfologia dell'onda pressoria centrale (classificazione di Murgo-Nichols)

	AIx	Inizio onde riflesse (P_i)	Età (anni)	Fase diastolica
Tipo A	>12%	Protosistole	>40, <65	Concava
Tipo B	>0%, <12%	Mesosistole	>30, <40	Convessa
Tipo C	<0%	Telesistole	<30	Convessa
Tipo D	>>12%	Protosistole precoce	>65	Concava

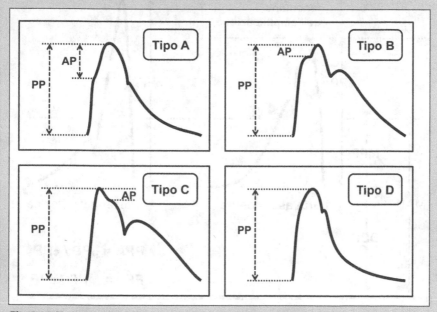

Fig. 6.14 Classificazione di Murgo-Nichols. *AP*, pressione incrementale determinata dall'onda riflessa; *PP*, pressione pulsatoria

6.2   Il form factor

Il *form factor* è un parametro nato nel tentativo di "quantificare" le diverse morfologie dell'onda pressoria (Fig. 6.15). È definito dal rapporto tra la media dell'onda pulsatoria (MPP, cioè la pressione arteriosa media a cui si è sottratto il valore della pressione diastolica) e la pressione pulsatoria (PP = pressione sistolica – pressione diastolica). Un particolare interesse assume il *form factor* a livello centrale. Nelle figure che seguono vengono riportati tre esempi di calcolo di questo parametro: si riferiscono alla morfologia dell'onda pressoria carotidea registrata su una giovane di 27 anni (Fig. 6.16), un soggetto sano di 51 anni (Fig. 6.17) e un anziano iperteso di 84 anni (Fig. 6.18).

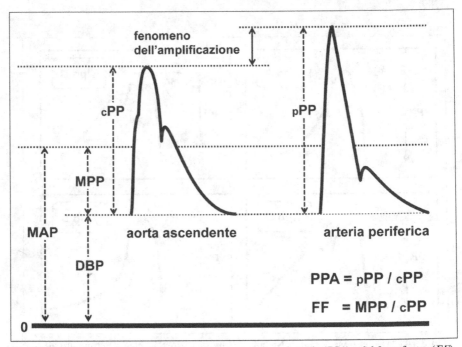

Fig. 6.15 Definizione dell'amplificazione della pressione pulsatoria (*PPA*) e del form factor (*FF*). *cPP*, pressione pulsatoria centrale; *DBP* (*diastolic blood pressure*), pressione diastolica; *MPP* (*mean pulse pressure*), media della pressione pulsatoria; *pPP*, pressione pulsatoria periferica; *MAP* (*mean arterial pressure*), pressione arteriosa media

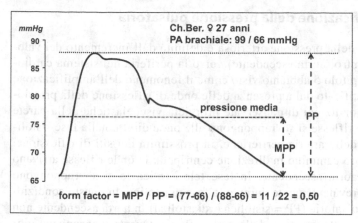

Fig. 6.16 Form factor in soggetto di 27 anni. *MPP* (*mean pulse pressure*), media della pressione pulsatoria; *PP*, pressione pulsatoria

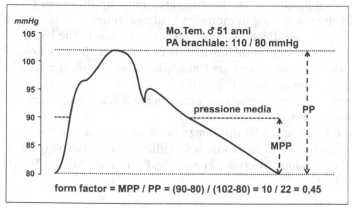

Fig. 6.17 Form factor in soggetto di 51 anni

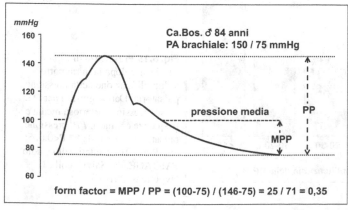

Fig. 6.18 Form factor in soggetto di 84 anni

6.3   L'amplificazione della pressione pulsatoria

L'amplificazione della pressione arteriosa è definita dall'incremento dei valori pressori dal centro (aorta ascendente) verso la periferia del sistema cardiovascolare. Nel capitolo 5 abbiamo visto come il fenomeno dell'amplificazione possa essere giustificato dalla presenza delle onde di riflessione della pressione arteriosa. In condizioni di conservate proprietà viscoelastiche della parete arteriosa, le onde riflesse si sovrappongono alle onde dirette nella fase sistolica solo a livello delle arterie periferiche, in prossimità dei siti di riflessione. Progredendo il loro cammino in direzione centripeta, le onde riflesse arrivano tardivamente in aorta ascendente, in fase telesistolica, e si sovrappongono all'onda diretta prevalentemente durante la fase diastolica. In questa condizione la pressione pulsatoria (PP = sistolica – diastolica) in aorta ascendente non viene influenzata dalla presenza delle onde riflesse. Questo meccanismo giustifica il fatto che la pressione arteriosa è più elevata a livello delle arterie periferiche (radiale, brachiale, femorale ecc.) rispetto all'aorta ascendente.

Alcuni studi hanno dimostrato come la scomparsa dell'amplificazione pressoria sia un significativo predittore di mortalità cardiovascolare.

Lo studio PARTAGE, coordinato dal Prof. Benetos di Nancy, che ha coinvolto più di 1100 ultraottantenni residenti in casa di riposo, ha ben documentato una significativa relazione inversa tra l'amplificazione pressoria e la prevalenza di patologia cardiovascolare (Fig. 6.19).

Diversi parametri sono stati proposti per quantificare il fenomeno di amplificazione della pressione arteriosa:

1. il più semplice è la misura della differenza in valori assoluti tra il valore della pressione sistolica misurata in maniera tradizionale al braccio (pPAS) e il valore della pressione arteriosa centrale (cPAS) misurato mediante tonometria arteriosa:

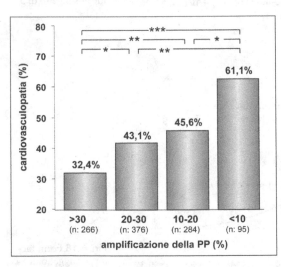

Fig. 6.19 Prevalenza di cardiovasculopatia in rapporto all'amplificazione della pressione pulsatoria. Dati aggiustati per età, sesso, pressione arteriosa media e frequenza cardiaca. *PP*, pressione pulsatoria; * P<0,01; ** P<0,005; *** P<0,001 (risultati dello studio PARTAGE, da: Salvi e coll., J Hypertens, 2010)

$$\text{Amplificazione} = \text{pPAS} - \text{cPAS} \quad \text{(in mmHg)}$$

2. un altro parametro, il rapporto di amplificazione (*amplification ratio*, AR), è definito dal rapporto tra valore della pressione pulsatoria (PA sistolica − PA diastolica) misurata all'arteria omerale (pPP) con metodica tradizionale, e il valore della pressione pulsatoria centrale (cPP) misurata mediante tonometria arteriosa:

$$AR = \frac{pPP}{cPP}$$

Se per esempio questo rapporto è di 1,30, significa che l'ampiezza dei valori di pressione differenziale in arteria omerale è il 30% più elevata rispetto ai valori di pressione differenziale in aorta ascendente;

3. l'amplificazione della pressione pulsatoria (PPA), definisce invece la percentuale di incremento nel valore della pressione pulsatoria (PA sistolica − PA diastolica) misurati all'arteria omerale (pPP) con metodica tradizionale, rispetto ai valori di pressione pulsatoria centrale (cPP) misurata mediante tonometria arteriosa:

$$PPA = 100 \cdot \frac{(pPP - cPP)}{cPP} \quad \text{(in \%)}$$

Pertanto una PPA di 30 indica che l'ampiezza dei valori di pressione differenziale in arteria omerale è il 30% più elevata rispetto ai valori di pressione differenziale in aorta ascendente. Quest'ultimo parametro è da preferire rispetto ai precedenti, in quanto più intuitivo e di più facile comprensione;

4. la rilevanza clinica dell'amplificazione della pressione risulta tuttavia indebolita dall'assenza di una modalità univoca per misurare tale fenomeno. Il problema sorge dalla necessità di calibrare l'onda pressoria centrale, acquisita con la tonometria sui valori di pressione media e diastolica misurati in arteria brachiale con sfigmomanometri tradizionali.

Dall'analisi dell'onda pressoria centrale è però possibile definire l'amplificazione pressoria indipendentemente dai valori della pressione arteriosa periferica. Il *form factor* in arteria centrale (acquisito a livello carotideo oppure su arteria radiale con funzione di trasferimento) costituisce un parametro che definisce l'entità dell'amplificazione pressoria, indipendentemente dai valori della pressione periferica. Questo conferma che nei sistemi idrodinamici chiusi, la pressione centrale risente degli effetti della periferia del sistema, così come in un circuito elettrico i parametri del generatore sono sempre influenzati dal carico (resistenze, condensatori e induttori).

Più propriamente, quindi potremmo definire questo parametro come *indice di amplificazione* (Ampl.Ix):

$$\text{Ampl.Ix} = 100 \cdot \frac{MPP}{cPP} \quad \text{(in \%)}$$

L'amplificazione della pressione pulsatoria (PPA) può essere espressa come il rapporto tra la pressione pulsatoria brachiale (pPP) e la pressione pulsatoria aortica (cPP) cioè:

$$PPA = pPP / cPP$$

Nella pratica clinica la curva della pressione arteriosa centrale può essere acquisita in maniera non invasiva per mezzo di tonometri transcutanei. Questi apparecchi definiscono il valore della pressione differenziale, ma non sono in grado di definire il corrispettivo valore reale di pressione sistolica e diastolica; per questo è necessario un processo di calibrazione della curva pressoria sui valori della pressione arteriosa media e diastolica. Attualmente infatti la calibrazione dell'onda pressoria centrale è basata sull'osservazione che la pressione media è costante in aorta e alla periferia del sistema arterioso, e che i cambiamenti della pressione diastolica sono trascurabili (<1 mmHg). Fino a qualche anno fa la pressione media (PAM) veniva calcolata aggiungendo al valore della pressione diastolica un terzo del valore della pressione differenziale periferica:

$$PAM = PAD + pPP/3$$

Da questa formula si deduce quindi che la pressione pulsatoria periferica è uguale a 3 volte la differenza tra pressione media e pressione diastolica (PAD), cioè 3 volte la media pulsatoria (MPP):

$$pPP = 3 \cdot (PAM - PAD) = 3 \cdot MPP$$

È stato dimostrato recentemente che la pressione media all'arto superiore è sottostimata con questa formula, e che alla pressione diastolica sarebbe più corretto aggiungere il 40% del valore della pressione differenziale periferica (PAM = PAD + pPP/2,5). In questo caso la pressione pulsatoria periferica sarà uguale a 2 volte e mezzo la differenza tra PAM e PAD, cioè 2,5 volte la MPP:

$$pPP = 2,5 \cdot (PAM - PAD) = 2,5 \cdot MPP$$

La difficoltà nel definire correttamente i valori della pressione media, quindi la calibrazione della pressione centrale, fa sorgere fondati dubbi sull'accuratezza della determinazione dell'amplificazione pressoria, essendo i valori di amplificazione variabili, dipendendo questi dall'algoritmo utilizzato per definire la pressione arteriosa media. È comunque possibile definire il fenomeno di amplificazione indipendentemente dai valori della pressione arteriosa periferica, dall'analisi della sola onda pressoria centrale.

Infatti, se PPA = pPP/cPP, e pPP è uguale al valore della media della pressione pulsatoria (MPP = pressione media – diastolica) moltiplicata per una costante k (il cui valore può essere 3 o 2,5, a seconda dell'algoritmo utilizzato), avremo dunque:

$$PPA \quad = \quad k \quad \cdot \quad \frac{MPP}{cPP} = k \cdot form \, factor$$

Questo rapporto MPP/cPP è facilmente calcolabile sulla curva pressoria centrale, senza alcun bisogno di avere valori pressori assoluti.

Scomposizione dell'onda pressoria in onda diretta e onda riflessa

Uno degli obiettivi principali della ricerca nel campo dell'emodinamica vascolare è arrivare a scomporre l'onda pressoria nella sua componente diretta e nella componente riflessa.

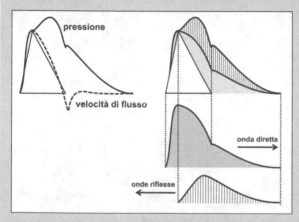

Numerosi gruppi di ricerca si sono avventurati nel tentativo di analizzare isolatamente, con metodiche incruente, le due componenti dell'onda pressoria; tra questi, uno dei tentativi più interessanti è forse il cosiddetto "Triangolo di Avolio" (Fig. 6.20). Come è stato approfondito nel Capitolo 5, mentre l'onda presso-

Fig. 6.20 Scomposizione dell'onda pressoria in onda diretta e onda riflessa secondo la metodica del "triangolo"

ria registrata a livello centrale è la risultante dell'onda diretta a cui si sommano le onde riflesse (P = Pd + Pr), la morfologia dell'onda della velocità di flusso risulta invece dall'onda centrifuga a cui si sottrae l'onda centripeta, derivata dai siti di riflessione (F = Fd – Fr).

In assenza di una registrazione simultanea della curva di pressione e di flusso (che permetterebbe una agevole scomposizione delle due componenti dell'onda pressoria), è stato proposto di simulare la morfologia della curva di flusso con un triangolo che abbia per base la linea orizzontale che unisce i piedi dell'onda pressoria al punto telediastolico, e per vertice il punto di incontro tra l'onda diretta e l'onda riflessa (punto P_i). L'area di questo triangolo corrisponde grosso modo all'area sottesa dalla curva di flusso in aorta

(Fig. 6.20). L'onda riflessa è quindi definita dalla metà dell'area compresa tra il lato del triangolo e il contorno dell'onda pressoria registrata.

Un'evoluzione di questo sistema di individuazione delle onde riflesse è stato recentemente implementato nel tonometro PulsePen. In questo caso l'algoritmo utilizzato risulta più preciso del precedente, e permette di distinguere le onde dirette e le onde riflesse anche in quelle condizioni in cui il punto di riflessione si trova dopo il picco sistolico, cioè in presenza di valori negativi di augmentation index.

Pressione centrale e rischio cardiovascolare 7

Già agli inizi del nuovo millennio alcuni studi avevano posto l'accento sull'importanza della pressione arteriosa sistolica centrale e della pressione pulsatoria centrale (pressione sistolica centrale – pressione diastolica) quali fattori prognostici cardiovascolari, ben più significativi dei valori pressori misurati a livello brachiale con gli usuali sfigmomanometri.

Ma solo dopo la pubblicazione dei risultati dello studio CAFE i riflettori sono stati rivolti verso la pressione arteriosa sistolica centrale.

Lo studio ASCOT aveva evidenziato una maggior riduzione di eventi cardiovascolari in pazienti trattati con un calcioantagonista (l'amlodipina) rispetto ai soggetti trattati con beta-bloccante (l'atenololo); questo senza che nei due gruppi di soggetti si fosse riscontrata alcuna differenza nella riduzione dei valori di pressione arteriosa periferica, rilevata a livello brachiale. Lo studio CAFE, una branca dello studio ASCOT, ha fornito una spiegazione plausibile alla più marcata riduzione degli eventi cardiovascolari nei soggetti trattati con vasodilatatori (Fig. 7.1). A più di 2000 soggetti partecipanti allo studio ASCOT è stata misurata la pressione arteriosa centrale. Lo studio CAFE ha dimostrato che la riduzione della pressione arteriosa sistolica centrale e della pressione pulsatoria centrale era più elevata nei soggetti che assumevano dei vasodilatatori rispetto ai soggetti che erano in terapia con farmaci non vasodilatatori (diuretici o beta-bloccanti), a parità di valori pressori a livello dell'arteria brachiale. Sulla base della medesima pressione arteriosa brachiale, nel gruppo trattato con amlodipina la pressione arteriosa sistolica centrale risultava significativamente più bassa rispetto al gruppo trattato con atenololo. Gli autori hanno quindi concluso che la maggior riduzione di eventi cardiovascolari nel gruppo trattato con vasodilatatori poteva essere la conseguenza di una maggior azione di questi farmaci nel ridurre la pressione arteriosa sistolica centrale rispetto ai beta-bloccanti.

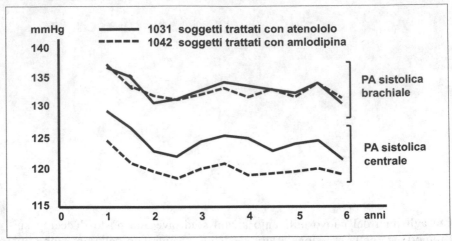

Fig. 7.1 Risultati dello studio CAFE. *Le due linee superiori* si riferiscono ai valori di pressione (*PA*) sistolica registrata in arteria brachiale, *le due linee inferiori* ai valori di pressione sistolica centrale (modificata da: Williams e coll., Circulation, 2006)

Dai risultati dello studio CAFE si può quindi dedurre che la misurazione della pressione arteriosa periferica non è sempre il metodo migliore per verificare gli effetti dei farmaci antipertensivi, e che la determinazione della pressione arteriosa sistolica centrale e della pressione pulsatoria centrale sono in grado di valutare il carico reale imposto al ventricolo sinistro molto meglio della pressione arteriosa sistolica e della pressione pulsatoria periferica.

7.1   L'indice di Buckberg: *subendocardial viability ratio* (SEVR)

L'analisi della curva pressoria centrale permette di ricavare degli indici particolarmente utili per valutare il rischio cardiovascolare e il rischio coronarico in particolare. Uno di questi è il *myocardial supply:demand ratio,* conosciuto anche come *DPTI:SPTI ratio*, oppure *subendocardial viability ratio* (SEVR), proposto da Gerald D. Buckberg agli inizi degli anni '70 e originato dall'esperienza in emodinamica cardiovascolare cruenta su animali di grossa taglia.

Il SEVR rappresenta il rapporto tra l'apporto e la richiesta di ossigeno da parte del miocardio e si può calcolare in maniera non cruenta dall'analisi dell'onda pressoria centrale (Fig. 7.2).

Il consumo di ossigeno da parte del miocardio dipende dalla frequenza cardiaca, dalla pressione di eiezione e dalla contrattilità miocardica. L'area che sottende la fase sistolica della curva pressoria in aorta o in ventricolo sinistro (*systolic pressure-time index*, SPTI, noto anche come *tension-time index di Sarnoff*, TTI) definisce il post-carico, cioè il carico pressorio con il quale il ventricolo sinistro deve interagire per garantire una portata efficace. Numerosi studi hanno confermato come il SPTI sia direttamente correlato al consumo miocardico di ossigeno.

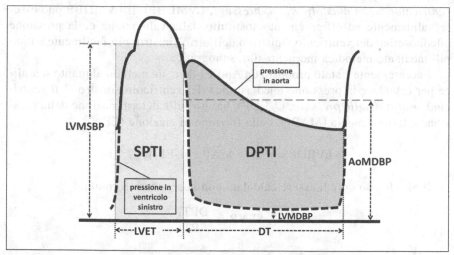

Fig. 7.2 Parametri utilizzati nella definizione dell'indice di Buckberg (*SEVR, subendocardial viability ratio*). In figura è mostrata la curva pressoria registrata nel ventricolo sinistro (*linea tratteggiata*) e in aorta ascendente (*linea continua*). AoMDBP (*aortic mean diastolic blood pressure*), media dei valori pressori della fase diastolica in aorta ascendente; DPTI (*diastolic pressure-time index*), indice pressione-tempo della fase diastolica; DT (*diastolic time*), durata della fase diastolica; LVET (*left ventricular ejection time*), durata della fase sistolica; LVMDBP (*left ventricular mean diastolic blood pressure*), pressione media diastolica nel ventricolo sinistro; LVMSBP (*left ventricular mean systolic blood pressure*), media dei valori pressori della fase sistolica in ventricolo sinistro; SPTI (*systolic pressure-time index*), indice pressione-tempo della fase sistolica

Durante la fase sistolica l'apporto di sangue agli strati subendocardici è impedito a causa di due forze compressive extravascolari. La prima è la pressione intracavitaria del ventricolo sinistro, che è trasmessa in toto agli strati subendocardici, ma si riduce quasi a zero a livello epicardico. La seconda è l'occlusione vascolare causata dalla contrazione ventricolare. I vasi a livello subendocardico sono compressi nella parete ventricolare, mentre gli strati subepicardici rimangono normalmente perfusi. Durante la fase diastolica tutto il miocardio è regolarmente perfuso. Pertanto dobbiamo considerare la perfusione coronarica come una perfusione prevalentemente, se non esclusivamente, diastolica.

Il flusso subendocardico dipende quindi:

1. dalla pressione arteriosa diastolica nell'arteria coronarica, che a coronarie indenni è uguale alla pressione diastolica in aorta;
2. dal gradiente di pressione in diastole tra le coronarie e la pressione ventricolare sinistra;
3. dalla durata della diastole.

L'area racchiusa tra la curva di pressione registrata in aorta e quella registrata in ventricolo sinistro durante la diastole rappresenta l'indice pressione-tempo diastolico (*diastolic pressure-time index*, DPTI), che è considerato un buon indice di perfusione coronarica.

Il DPTI si ricava dall'area dalla fase diastolica della curva pressoria in aorta, sottraendone la pressione diastolica media in ventricolo sinistro (*left ventricular mean diastolic blood pressure*, LVMDBP). Il LVMDBP può essere validamente ed efficacemente sostituito dalla valutazione della pressione telediastolica del ventricolo sinistro o dell'atrio sinistro, più facilmente stimabili mediante metodica incruenta ultrasonografica.

Recentemente è stato proposto da Abd-El-Aziz un metodo alquanto semplice per calcolare la pressione telediastolica del ventricolo sinistro (*left ventricular end-diastolic pressure*, LVEDP), basato sulla determinazione della pressione arteriosa media (MAP) e della frazione di eiezione (EF):

$$LVEDP = [0,54 \cdot MAP \cdot (1\text{-}EF)] - 2,23$$

Il SEVR può quindi essere calcolato con la seguente formula:

$$SEVR = \frac{DPTI}{SPTI}$$

in cui DPTI rappresenta l'area compresa tra la curva di pressione aortica e quella registrata in ventricolo sinistro durante la diastole:

$$DPTI = (AoMDBP - LVMDBP) \cdot DT$$

dove AoMDBP (*aortic mean diastolic blood pressure*) rappresenta la pressione diastolica media in aorta, LVMDBP la pressione diastolica media del ventricolo sinistro, DT la durata della fase diastolica del ciclo cardiaco

e SPTI l'area sottesa dalla fase sistolica della curva pressoria:

$$SPTI = LVMSBP \cdot LVET$$

dove LVMSBP (*left ventricular mean systolic blood pressure*) rappresenta la pressione sistolica media nel ventricolo sinistro e LVET (*left ventricular ejection time*) la durata della fase sistolica del ciclo cardiaco (il tempo di eiezione sistolico). Quindi:

$$SEVR = \frac{(AoMDBP - LVMDBP) \cdot DT}{LVMSBP \cdot LVET}$$

L'acquisizione della curva di pressione arteriosa centrale in maniera non cruenta permette di determinare il SEVR senza bisogno di ricorrere a metodiche invasive. Infatti, in base ai parametri acquisiti sulla curva pressoria centrale possiamo riscrivere la formula:

$$SEVR = \frac{(MDBP - LVEDP) \cdot DT}{MSBP \cdot LVET}$$

dove MDBP (*mean diastolic blood pressure*) e MSBP (*mean systolic blood pressure*) sono rispettivamente la media dei valori pressori della fase diastolica e della fase sistolica (MSBP) della curva pressoria centrale (aortica, carotidea). La LVEDP può essere definita con l'ausilio dell'ecocardiografia.

Il SEVR descrive quindi il rapporto tra offerta e consumo, cioè tra l'apporto di sangue al miocardio e il consumo miocardico di ossigeno.

7.1.1 Valori di riferimento per il SEVR

Esistono dei valori di normalità del SEVR? Quali sono i valori di riferimento per questo parametro?

Per il SEVR è stato documentato un valore "critico", corrispondente a 0,5, al di sotto del quale si riduce il rapporto tra flusso subendocardico e flusso subepicardico per grammo in ventricolo sinistro, come segno di insufficiente vascolarizzazione subendocardica. Grazie anche ai processi di autoregolazione del flusso coronarico, al di sopra di questo valore critico non esiste una relazione lineare tra SEVR e perfusione subendocardica, mantenendosi pressoché costante il rapporto tra flusso subendocardico e flusso subepicardico per grammo.

Tuttavia l'approvvigionamento di ossigeno al subendocardio non dipende solamente dal flusso coronarico, ma anche dal contenuto di ossigeno nel sangue. Bisogna considerare infatti che a parità di flusso coronarico l'apporto di ossigeno (O_2) al subendocardio può risultare notevolmente ridotto in condizioni di anemia o di ipossiemia (per esempio, in corso di insufficienza respiratoria o in alta quota). In queste condizioni è opportuno correggere la formula che definisce il SEVR moltiplicando il DPTI per il contenuto di ossigeno del sangue arterioso (CaO_2):

$$SEVR \times CaO_2 = \frac{\text{contenuto di } O_2 \cdot DPTI}{SPTI}$$

Il contenuto di ossigeno nel sangue arterioso può essere determinato dalla formula:

$$\text{contenuto arterioso di } O_2 = 1{,}34 \cdot Hb \cdot O_2\,Sat + 0{,}003 \cdot pO_2$$

dove Hb rappresenta l'emoglobina (g), O_2 Sat la saturazione di ossigeno (%), pO_2 la pressione arteriosa di ossigeno (mmHg).

In base a questa formula il valore "critico" di SEVR x CaO_2 corrisponde a 10. Al di sotto di questo valore si determina una condizione di insufficiente vascolarizzazione subendocardica (Fig. 7.3).

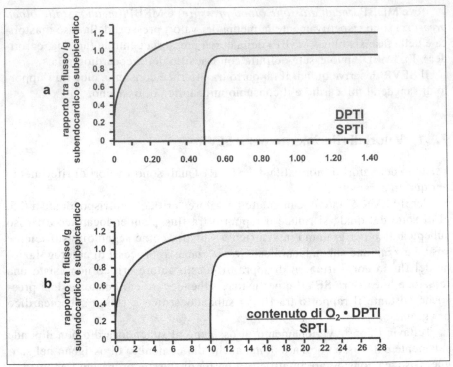

Fig. 7.3 Rapporto tra flusso subendocardico e subepicardico per grammo in ventricolo sinistro in relazione al *subendocardial viability ratio* (SEVR = DPTI / SPTI) (**a**) e al *subendocardial viability ratio* corretto per il contenuto di ossigeno (**b**). *L'area grigia* rappresenta la distribuzione dei valori come documentato da studi sperimentali (Hoffman e Buckberg, BMJ, 1975; Brazier, Cooper e Buckberg, Circulation, 1974). *DPTI* (*diastolic pressure-time index*), indice pressione-tempo della fase diastolica; *SPTI* (*systolic pressure-time index*), indice pressione-tempo della fase sistolica

7.1.2 SEVR tonometrico

Con l'avvento della tonometria arteriosa transcutanea si è cercato di semplificare l'acquisizione del SEVR, introducendo un nuovo parametro, il *tonometric subendocardial viability ratio* (tonoSEVR), nato dal tentativo di fornire un indice di vascolarizzazione miocardica efficace sulla base della sola analisi della morfologia della pressione arteriosa centrale acquisita mediante tonometria transcutanea (Fig. 7.4).

Il tonoSEVR, a differenza del SEVR non tiene conto della pressione diastolica ventricolare sinistra e si calcola in base alla formula:

$$\text{tonoSEVR} = \frac{\text{DPTI}}{\text{SPTI}}$$

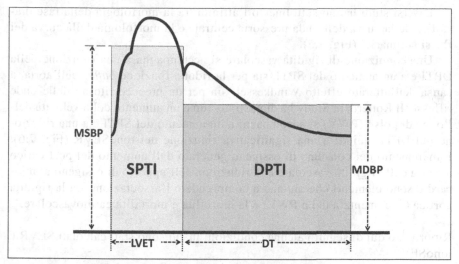

Fig. 7.4 Parametri utilizzati nella definizione del tonoSEVR (*tonometric subendocardial viability ratio*). *DPTI* (*diastolic pressure-time index*), indice pressione-tempo della fase diastolica; *SPTI* (*systolic pressure-time index*), indice pressione-tempo della fase sistolica; *MDBP* (*mean diastolic blood pressure*), media dei valori pressori della fase diastolica; *MSBP* (*mean systolic blood pressure*), media dei valori pressori della fase sistolica

in cui DPTI (*diastolic pressure-time index*) rappresenta l'area sottesa dalla fase diastolica della curva pressoria, e si ricava moltiplicando la pressione media della fase diastolica (*mean diastolic blood pressure*, MDBP) per la durata della diastole (*diastolic time*, DT). SPTI (*systolic pressure-time index*) rappresenta l'area sottesa dalla fase sistolica della curva pressoria e si ricava moltiplicando la pressione media della fase sistolica (*mean systolic blood pressure*, MSBP) per la durata della sistole (*left ventricular ejection time*, LVET).

Quindi:

$$\text{tonoSEVR} = \frac{\text{DPTI}}{\text{SPTI}} = \frac{\text{MDBP}}{\text{MSBP}} \cdot \frac{\text{DT}}{\text{LVET}}$$

configurandosi come il prodotto del rapporto tra due pressioni (MDBP e MSBP) e due misure di tempo (DT e LVET).

Il tonoSEVR, calcolato mediante tonometria, è quindi una misura surrogata del SEVR, e potrebbe sostituire il SEVR nella pratica clinica solo in pazienti con accertati valori molto bassi di pressione diastolica ventricolare sinistra. Viceversa, il tonoSEVR in soggetti con elevata pressione diastolica ventricolare sinistra, non riesce a stimare adeguatamente il rapporto perfusione-contrazione miocardica, fornendo valori anche superiori al 70% rispetto al SEVR.

Diversi studi hanno sottolineato l'affinità tra la morfologia della fase diastolica della curva dell'onda pressoria centrale e la morfologia della curva dei
flussi coronarici (Fig. 7.5).

Una condizione di rigidità vascolare si accompagna a una riduzione della
DPTI e a un aumento del SPTI, sia per la ridotta funzione *buffer* dell'aorta, a
causa dell'alterato effetto Windkessel, sia per un precoce ritorno delle onde
riflesse. Il Rotterdam Study ha dimostrato come un aumento della velocità del-
l'onda di polso (PWV) si accompagni a un aumento del SPTI e a una riduzione del DPTI, quindi a una significativa riduzione del tonoSEVR (Fig. 7.6).
L'incremento del consumo di ossigeno generato dall'aumento del post-carico
a causa della rigidità vascolare e la riduzione dell'apporto di ossigeno al miocardio sono elementi che aiutano a comprendere l'associazione tra la rigidità
aortica (documentata dalla PWV) e la morbilità e mortalità cardiovascolare.

Riportiamo qui di seguito alcune condizioni in cui sono stati calcolati SEVR e
tonoSEVR.

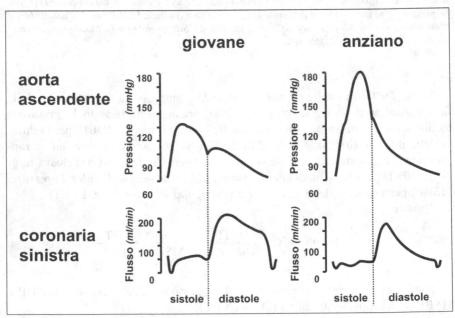

Fig. 7.5 Pressione in aorta scendente (*parte superiore della figura*) e flusso in arteria coronaria sinistra (*parte inferiore della figura*) in un soggetto giovane e anziano

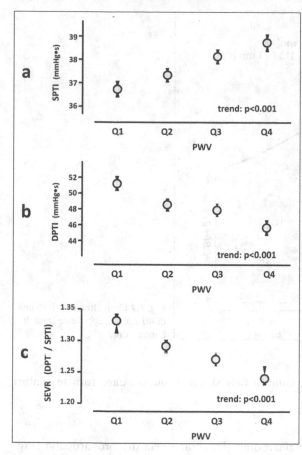

Fig. 7.6 Valori elevati di velocità dell'onda di polso (*PWV*) si associano a un indice pressione-tempo sistolico (*SPTI*) aumentato (**a**), a un indice pressione-tempo diastolico (*DPTI*) ridotto (**b**), quindi a una riduzione del rapporto tra l'offerta e il consumo di ossigeno da parte del miocardio, come documentato dalla significativa riduzione del tonoSEVR (**c**). Dati raccolti su 2490 soggetti partecipanti al Rotterdam Study. La popolazione è stata suddivisa in quartili in rapporto ai valori di PWV (Q1, Q2, Q3, Q4). I dati sono indicati come media ± SEM (modificata da: Guelen e coll., J Hypertens, 2008)

7.1.3 Casi clinici

Caso clinico n. 1

Giovane adulto in buona salute (Fig. 7.7). Il tonoSEVR è stato calcolato secondo la formula:

$$\text{tonoSEVR} = \frac{\text{DPTI}}{\text{SPTI}} = \frac{\text{MDBP} \cdot \text{DT}}{\text{MSBP} \cdot \text{LVET}} = \frac{81 \cdot 685}{97 \cdot 302} = 1,89$$

L'area sottesa dalla fase diastolica della curva pressoria (DPTI) è dunque l'89% più ampia dell'area sottesa dalla fase sistolica della curva pressoria (SPTI).

In questo soggetto la pressione telediastolica ventricolare sinistra (misurata con esame ultrasonografico) era di 6 mmHg; è quindi possibile calcolare il SEVR:

$$\text{SEVR} = \frac{(\text{MDBP} - \text{LVDBP}) \cdot \text{DT}}{\text{MSBP} \cdot \text{LVET}} = \frac{(81 - 6) \cdot 685}{97 \cdot 302} = 1,75$$

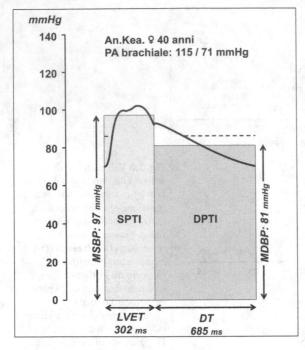

Fig. 7.7 Caso clinico n. 1: donna di 40 anni, in apparente stato di buona salute

Possiamo quindi constatare come il tonoSEVR in questo caso fornisca valori dell'8% superiori al SEVR.

Caso clinico n. 2

Il secondo soggetto è un'anziana diabetica, con storia di coronaropatia (Fig. 7.8). Il tonoSEVR è stato calcolato secondo la formula:

$$\text{tonoSEVR} = \frac{\text{DPTI}}{\text{SPTI}} = \frac{\text{MDBP} \cdot \text{DT}}{\text{MSBP} \cdot \text{LVET}} = \frac{77 \cdot 637}{116 \cdot 350} = 1,21$$

L'area sottesa dalla fase diastolica della curva pressoria (DPTI) è dunque il 21% più ampia dell'area sottesa dalla fase sistolica della curva pressoria (SPTI).

In questo soggetto la pressione telediastolica ventricolare sinistra (misurata con esame ultrasonografico) era di 15 mmHg.

$$\text{SEVR} = \frac{(\text{MDBP} - \text{LVDBP}) \cdot \text{DT}}{\text{MSBP} \cdot \text{LVET}} = \frac{(77 - 15) \cdot 637}{116 \cdot 350} = 0,97$$

Il tonoSEVR quindi, in questo caso caratterizzato da un'elevata pressione diastolica ventricolare, fornisce valori del 25% circa superiori al SEVR.

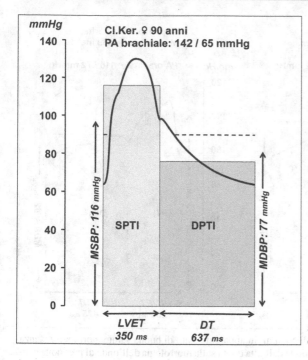

Fig. 7.8 Caso clinico n. 2: anziana di 90 anni, diabetica, con storia di coronaropatia

Caso clinico n. 3

Anche particolari condizioni ambientali, come l'ipossia ipobarica in alta quota, possono determinare una riduzione del rapporto DPTI/SPTI che potrebbe anche mettere in crisi un labile compenso perfusionale a livello del miocardio. Il caso seguente è stato registrato nel corso di una spedizione scientifica in alta quota organizzata dal gruppo di ricerca del prof. Parati dell'Istituto Auxologico Italiano. Si tratta di un soggetto di 59 anni, in buona salute, senza una storia di cardiovasculopatia (Fig. 7.9). Dopo aver eseguito una tonometria arteriosa a Milano (122 metri slm), veniva effettuata una rapida ascensione a piedi al Monte Rosa, con pernottamento a 3647 m slm (rifugio Gnifetti), e ripetizione dell'esame dopo circa 5 ore dall'arrivo alla Capanna Margherita (4559 m slm). Durante il soggiorno in quota sono state documentate ripetute aritmie ventricolari.

Andiamo ora a valutare il tonoSEVR di questo soggetto:

$$\text{tonoSEVR basale} = \frac{\text{DPTI}}{\text{SPTI}} = \frac{\text{MDBP} \cdot \text{DT}}{\text{MSBP} \cdot \text{LVET}} = \frac{87 \cdot 912}{110 \cdot 327} = 2{,}21$$

$$\text{tonoSEVR in quota} = \frac{\text{DPTI}}{\text{SPTI}} = \frac{\text{MDBP} \cdot \text{DT}}{\text{MSBP} \cdot \text{LVET}} = \frac{87 \cdot 425}{98 \cdot 250} = 1{,}42$$

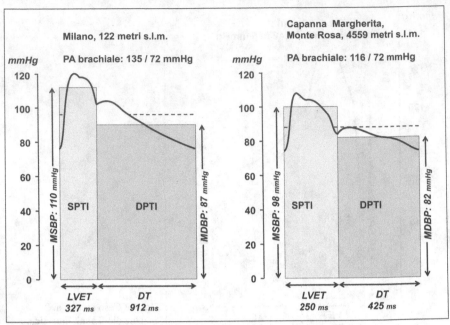

Fig. 7.9 Caso clinico n. 3: uomo di 59 anni, in apparente stato di buona salute, normoteso, senza storia di cardiopatia. Modifiche indotte dall'alta quota sulla morfologia dell'onda di pressione centrale. *A sinistra*: onda pressoria a livello del mare; *a destra*: onda pressoria in alta quota

La pressione telediastolica ventricolare sinistra (misurata con esame ultrasonografico) era di 12 mmHg al livello del mare e 14 mmHg in quota. Quindi:

$$\text{SEVR basale} = \frac{(\text{MDBP} - \text{LVDBP}) \cdot \text{DT}}{\text{MSBP} \cdot \text{LVET}} = \frac{(87-12) \cdot 912}{110 \cdot 327} = 1,90$$

$$\text{SEVR in quota} = \frac{(\text{MDBP} - \text{LVDBP}) \cdot \text{DT}}{\text{MSBP} \cdot \text{LVET}} = \frac{(82-14) \cdot 425}{98 \cdot 250} = 1,18$$

In quota dunque aumenta il fabbisogno di ossigeno da parte del miocardio e si riduce il flusso coronarico diastolico. Il tonoSEVR si riduce del 36%, passando da 2,21 a 1,42. Il SEVR si riduce del 38%, passando da 1,90 a 1,18.

Tuttavia, in una condizione di ipossia da alta quota come questa è consigliabile correggere il SEVR per il contenuto di O_2 nel sangue.

Considerando che in condizioni basali l'Hb era di 14,1 g, la saturazione di O_2 98% e la pO_2 100 mmHg, il calcolo del SEVR corretto per il contenuto di O_2 (SEVR x CaO_2) sarà quindi:

$$\text{SEVR x } CaO_2 \text{ basale} = \frac{[(\text{MDBP} - \text{LVDBP}) \cdot \text{DT}] \cdot (1,34 \cdot \text{Hb} \cdot O_2 \text{ Sat} + 0,003 \cdot pO_2)}{\text{MSBP} \cdot \text{LVET}} =$$

$$= \frac{(87-12) \cdot 912 \cdot (1,34 \cdot 14,1 \cdot 0,98 + 0,003 \cdot 100)}{110 \cdot 327} = 35,78$$

In alta quota (4559 m slm) invece l'Hb era di 14,1 g, la saturazione di O_2 65% e la pO_2 39 mmHg. Il calcolo del SEVR corretto per il contenuto di O_2 (SEVR x CaO_2) sarà quindi:

$$\text{SEVR x } CaO_2 \atop \text{in quota} = \frac{[(MDBP - LVDBP) \cdot DT] \cdot (1,34 \cdot Hb \cdot O_2 \text{ Sat} +0,003 \cdot pO_2)}{MSBP \cdot LVET} =$$

$$= \frac{(82-14) \cdot 425 \cdot (1,34 \cdot 14,1 \cdot 0,65 + 0,003 \cdot 39)}{98 \cdot 250} = 14,49$$

Il calcolo del SEVR corretto per il contenuto di O_2 evidenzia quindi una netta caduta dell'indice di vascolarizzazione subendocardica, che si avvicina ai valori "critici", facendo sorgere il sospetto che la sintomatologia cardiaca riferita dal soggetto possa essere in relazione con la caduta del SEVR in quota. Tanto più che eventuali ulteriori riduzioni della saturazione di ossigeno nelle ore notturne determinano valori critici di SEVR (per esempio, a una saturazione del 45% corrisponde un SEVR x CaO_2 di 10).

Caso clinico n. 4

Durante la medesima spedizione scientifica, e a conferma di quanto sopra descritto, segnaliamo anche il caso di una giovane donna di 28 anni, in cui il tonoSEVR in quota si è praticamente dimezzato (Fig. 7.10).

$$\text{tonoSEVR basale} = \frac{DPTI}{SPTI} = \frac{MDBP \cdot DT}{MSBP \cdot LVET} = \frac{83 \cdot 772}{93 \cdot 329} = 2,09$$

$$\text{tonoSEVR in quota} = \frac{DPTI}{SPTI} = \frac{MDBP \cdot DT}{MSBP \cdot LVET} = \frac{78 \cdot 354}{97 \cdot 284} = 1,00$$

In questo soggetto la pressione telediastolica ventricolare sinistra (misurata con esame ultrasonografico) era di 10 mmHg al livello del mare e 11 mmHg in quota. Quindi:

$$\text{SEVR basale} = \frac{(MDBP - LVDBP) \cdot DT}{MSBP \cdot LVET} = \frac{(83 - 10) \cdot 772}{93 \cdot 329} = 1,84$$

$$\text{SEVR in quota} = \frac{(MDBP - LVDBP) \cdot DT}{MSBP \cdot LVET} = \frac{(78 - 11) \cdot 354}{97 \cdot 284} = 0,86$$

In quota dunque il tonoSEVR si riduce del 52%, passando da 2,09 a 1,00. Il SEVR si riduce del 53%, passando da 1,84 a 0,86.

Anche qui correggiamo il SEVR per in contenuto di O_2 nel sangue.

Considerando che in condizioni basali l'Hb era di 12,5 g, la saturazione di O_2 99% e la pO_2 100 mmHg, il calcolo del SEVR corretto per il contenuto di O_2 (SEVR x CaO_2) sarà quindi:

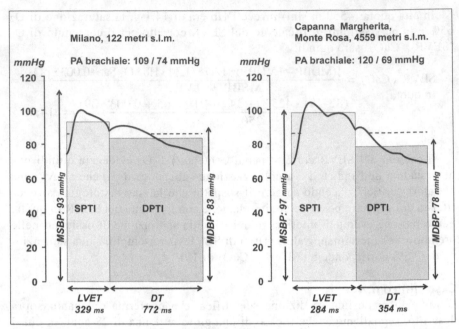

Fig. 7.10 Caso clinico n. 4: giovane donna di 28 anni, in apparente stato di buona salute, normotesa, senza storia di cardiopatia. Modifiche indotte dall'alta quota sulla morfologia dell'onda di pressione centrale. *A sinistra*: onda pressoria a livello del mare; *a destra*: onda pressoria in alta quota

$$\text{SEVR x CaO}_2 = \frac{[(MDBP - LVDBP) \cdot DT] \cdot (1,34 \cdot Hb \cdot O_2 \text{ Sat} + 0,003 \cdot pO_2)}{MSBP \cdot LVET} =$$
$$\text{basale}$$

$$= \frac{(83 - 10) \cdot 772 \cdot (1,34 \cdot 12,5 \cdot 0,99 + 0,003 \cdot 100)}{93 \cdot 329} = 30,54$$

In alta quota (4559 m slm) invece l'Hb era di 12,5 g, la saturazione di O_2 79% e la pO_2 42 mmHg. Il calcolo del SEVR corretto per il contenuto di O_2 (SEVR x CaO$_2$) sarà quindi:

$$\text{SEVR x CaO}_2 = \frac{[(MDBP - LVDBP) \cdot DT] \cdot (1,34 \cdot Hb \cdot O_2 \text{ Sat} + 0,003 \cdot pO_2)}{MSBP \cdot LVET} =$$
$$\text{in quota}$$

$$= \frac{(78 - 11) \cdot 354 \cdot (1,34 \cdot 12,5 \cdot 0,79 + 0,003 \cdot 42)}{97 \cdot 284} = 11,39$$

Anche in questo caso il calcolo del SEVR corretto per il contenuto di O_2 evidenzia quindi una netta caduta dell'indice di vascolarizzazione subendocardica, ai limiti del valore "critico" di 10. Abbiamo considerato una giovane donna in buona salute, pensiamo a quale potrebbe essere la ripercussione dell'alta quota su soggetti più anziani, con labile equilibrio di vascolarizzazione miocardica.

7.2   Riduzione dei valori pressori: il dilemma della "curva J"

La relazione tra riduzione dei valori pressori e il rischio di morbilità e mortalità cardiovascolare è descritta da una curva a forma di "J" (Fig. 7.11): il rischio è maggiore per elevati valori di pressione arteriosa, e si riduce parallelamente alla riduzione della pressione, fino a che non si raggiunge un nadir oltre il quale ulteriori riduzioni della pressione arteriosa determinano un aumento del rischio cardiovascolare.

Numerosi studi hanno dimostrato che la "curva J" esiste principalmente tra i valori pressori diastolici e malattia coronarica, soprattutto nei pazienti più fragili.

La morfologia a "J" della relazione tra pressione arteriosa e rischio cardiovascolare mette quindi a buon diritto in discussione il motto riguardante la riduzione dei valori pressori in corso di terapia: *"più sono bassi e meglio è"*.

All'inizio del 2011 è apparso sul *Journal of Hypertension* un provocatorio articolo dal titolo: *"Blood pressure regulation during the aging process: the end of the 'hypertension era'?"*. Questo articolo, scritto insieme agli amici Athanase Benetos e Patrick Lacolley, tenta di fare chiarezza sul significato della "curva J", proponendo un rivoluzionario approccio terapeutico al paziente iperteso.

In corso di trattamento antipertensivo, una riduzione dei valori pressori di 6-7 mmHg è considerata in grado di determinare una significativa riduzione delle complicanze cardiovascolari. Tuttavia, come conseguenza di quanto sopra esposto, è necessario seguire un differente approccio clinico e terapeutico nel pazien-

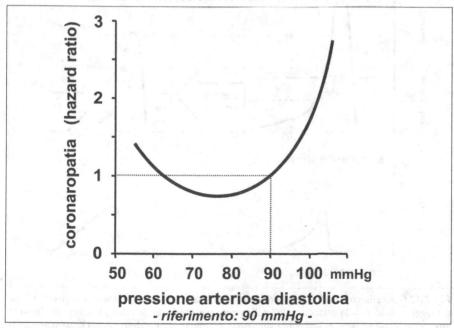

Fig. 7.11 Relazione tra coronaropatia e valori di pressione diastolica espressa da una curva a forma di "J"

te con elevati valori pressori. Dovremmo considerare infatti come "clinicamente rilevante" solo quelle riduzioni dei valori pressori che siano la conseguenza di un miglioramento della funzione arteriosa o di una redistribuzione delle onde di riflessione.

Caso clinico n. 1

Paziente di anni 63, con una pressione arteriosa di 160/85 mmHg e una storia di malattia coronarica. Il paziente inizia una terapia antipertensiva (Fig. 7.12):

- il trattamento determina un significativo miglioramento a livello della microcircolazione e una riduzione delle resistenze vascolari periferiche, migliorando altresì le proprietà viscoelastiche delle grandi arterie;
- si verificano un rallentamento nella progressione dell'onda diretta e un ritardo nella comparsa delle onde riflesse, che in parte si sovrappongono all'onda diretta durante la diastole;
- si abbassa la pressione arteriosa sistolica (140 mmHg), con modesta riduzione della pressione diastolica (74 mmHg). Si modifica anche la curva dell'onda pressoria centrale, e la morfologia della fase diastolica della curva appare ora "convessa";
- si può supporre quindi che a livello coronarico il flusso di perfusione sia nettamente migliorato.

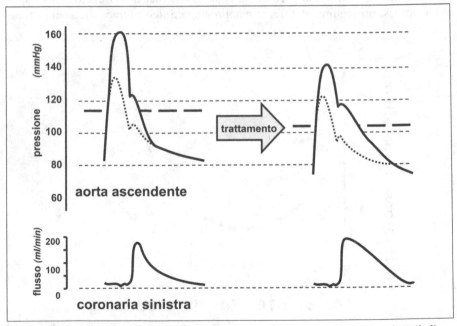

Fig. 7.12 Caso clinico 1. *Nella parte alta della figura*, la Curva della pressione arteriosa (*la linea tratteggiata* evidenzia la parte "diretta" della pressione arteriosa). *In basso*, la Curva di flusso in arteria coronaria sinistra. A *sinistra* la situazione pretrattamento, a *destra* dopo trattamento antipertensivo

In questo caso la riduzione permanente della pressione arteriosa può essere considerata come "clinicamente rilevante", con effetti benefici sulla circolazione coronarica.

Caso clinico n. 2

Paziente di anni 74, diabetico, con una pressione arteriosa di 165/70 mmHg e una storia di malattia coronarica. Questo soggetto presenta anche un'aumentata rigidità vascolare, documentata da un'elevata velocità di trasmissione dell'onda di polso (PWV: 19 m/s); anche in questo caso le onde di riflessione sono molto precoci e la morfologia della fase diastolica dell'onda pressoria centrale appare "concava". Si può supporre che a livello coronarico il flusso di perfusione sia a livelli "critici", ricalcando la morfologia della fase diastolica della pressione.

Il paziente inizia una terapia antipertensiva (Fig. 7.13):

- l'elasticità vascolare è particolarmente compromessa, e la terapia antipertensiva non riesce a migliorare le proprietà viscoelastiche delle grandi arterie;
- non si verifica alcuna modifica a livello emodinamico, sulla conduzione delle onde dirette e sulle onde riflesse;
- si abbassa la pressione arteriosa media, e si riduce sia la pressione arteriosa sistolica (150 mmHg), che la pressione arteriosa diastolica (55 mmHg).

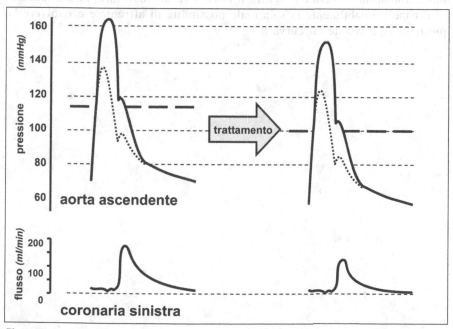

Fig. 7.13 Caso clinico 2. *Nella parte alta della figura*, Curva della pressione arteriosa (*la linea tratteggiata* evidenzia la parte "diretta" della pressione arteriosa). *In basso*, Curva di flusso in arteria coronaria sinistra. A *sinistra* la situazione pretrattamento, a *destra* dopo trattamento antipertensivo

Non si modifica sostanzialmente la morfologia della curva dell'onda pressoria centrale, ma i valori pressori nella fase diastolica appaiono ancor più ridotti;

• si può supporre quindi che a livello coronarico il flusso di perfusione sia andato ulteriormente in crisi, con la seria possibilità di comparsa di manifestazioni cliniche relative a una sindrome coronarica acuta.

In questo secondo caso l'intervento terapeutico ha precipitato una condizione in labile compenso, con netto peggioramento del quadro clinico.

Questi due casi clinici sono esempi emblematici di come sia necessario utilizzare ulteriori metodi diagnostici per valutare l'ipertensione arteriosa e personalizzarne il trattamento. In una condizione di ipertensione caratterizzata da conservate proprietà viscoelastiche delle grandi arterie, un trattamento ipotensivante può determinare quindi una riduzione della pressione sistolica senza significative modifiche della pressione diastolica, a causa di una redistribuzione delle onde riflesse in fase diastolica. In queste condizioni un abbassamento della pressione può migliorare la perfusione coronarica. Viceversa, in presenza di marcata rigidità vascolare, un trattamento antipertensivo potrebbe diminuire eccessivamente la pressione diastolica contribuendo quindi a una riduzione del flusso coronarico.

Questo approccio è evidentemente più complicato dell'approccio tradizionale: *"dimmi un numero e io ti dirò il rischio cardiovascolare"*, ma nondimeno rimane probabilmente la sola reale possibilità di affrontare e risolvere la questione riguardante la "curva J".

Acquisizione non invasiva della pressione arteriosa centrale

8

Abbiamo visto l'importanza della pressione arteriosa centrale e come l'analisi della morfologia della curva della pressione centrale possa fornire importanti indicazioni sull'interpretazione dei valori pressori. Ma come possiamo acquisire in maniera non cruenta i valori di pressione arteriosa centrale e registrare l'onda della pressione arteriosa in aorta?

Già nella seconda metà del XIX secolo alcuni fisiologi, comprendendo l'importanza della pressione arteriosa nella patologia cardiovascolare, indirizzarono i loro studi nel cercare di definire i valori della pressione e di registrare la curva pressoria. Nei primi studi si utilizzavano metodiche cruente, come l'emautografia (Fig. 8.1). Con questo esame si pungeva un'arteria maggiore di animali di grossa taglia e si lasciava che lo zampillo del sangue segnasse la curva pressoria su una striscia di carta in movimento.

Fig. 8.1 Curva emautografica data dallo zampillo di sangue uscente dall'arteria tibiale posteriore di un grosso cane (da: Leonard Landois, Lehrbuch der Physiologie des Menschen. Wien, 1881)

Di seguito furono utilizzati nella ricerca clinica alcuni strumenti, gli sfigmometri, realizzati per la registrazione della curva pressoria in arteria radiale o brachiale. Tra i pionieri della registrazione e dell'analisi dell'onda pressoria ricordiamo Marey (Fig. 8.2), Mahomed (Fig. 8.3), Brondel (Fig. 8.4), Landois (Fig. 8.5), Dudgeon (Fig. 8.6). Tuttavia alla fine del XIX secolo l'introduzione nella pratica clinica dello sfigmomanometro di Riva-Rocci ha di fatto interrotto questi studi sulla morfologia dell'onda pressoria.

Nei decenni successivi l'attenzione si è focalizzata sui valori estremi della pressione arteriosa (sistolica e diastolica), ritenendo che la loro acquisizione potesse essere sufficiente per avere un quadro esaustivo dell'emodinamica vascolare. L'introduzione del cateterismo cardiaco e dell'angiografia hanno contribuito a risollevare interrogativi riguardo al significato della morfologia dell'onda pressoria e all'opportunità di acquisire anche i valori pressori in aorta, oltre che alla periferia del sistema arterioso. In alcuni casi particolari si ricorreva alla registrazione della pressione centrale in maniera cruenta, auspicando comunque lo sviluppo di sistemi incruenti di registrazione dell'onda di pressione.

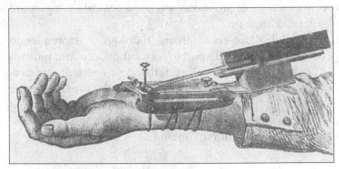

Fig. 8.2 Sfigmografo di Marey, 1860

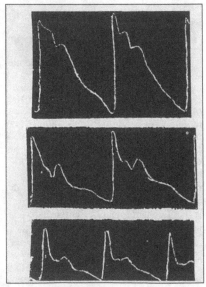

Fig. 8.3 Tracciato registrato con lo sfigmografo di Frederick Akbar Mahomed, 1872

Fig. 8.4 Sfigmografo di Brondel, 1879

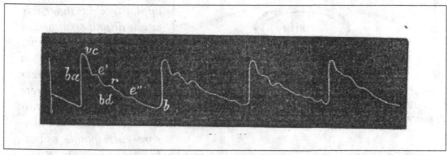

Fig. 8.5 Tracciato registrato con lo sfigmografo (angiografo) di Landois (da: Paolo Guttmann, Dei Metodi Clinici per l'esame degli organi del petto e del ventre. Vallardi, Milano, 1883)

Fig. 8.6 Sfigmografo di Dudgeon, 1890

8.1   Tonometria arteriosa

Perché mai in oftalmologia è possibile misurare la pressione endooculare dall'esterno, in maniera incruenta, mentre per misurare la pressione delle arterie bisogna ricorrere a metodiche cruente, di cateterismo? Questa probabilmente è stata la domanda che nei primi anni '60 si sono posti ricercatori come Mackay e Marg, quando hanno intrapreso i primi studi sull'applicazione di tonometri derivati dall'oftalmologia nella valutazione della pressione intrarteriosa.

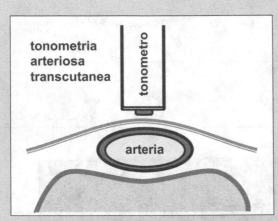

Fig. 8.7 Tonometria da appiattimento (*applanation tonometry*)

Il tonometro (oftalmico e arterioso) si basa sul principio ampiamente validato e collaudato della tonometria da appiattimento (applanation tonometry)*: si appiattisce la superficie curva di una struttura al cui interno è presente una data pressione; in questo modo gli stress circonferenziali di parete si bilanciano e la pressione registrata dal sensore corrisponde esattamente alla pressione all'interno dell'elemento da analizzare (Fig. 8.7). Nel caso di una registrazione arteriosa, il rilevatore, una sonda delle dimensioni di una penna stilografica, viene applicato sull'arteria in corrispondenza del punto di massima pulsazione; con una piccola pressione si appiattisce la superficie dell'arteria contro le strutture ossee sottostanti e si procede alla registrazione della curva pressoria.*

La tonometria arteriosa transcutanea è un esame incruento, semplice, rapido, ben tollerato e riproducibile (Fig. 8.8).

Numerosi studi hanno confermato che i valori pressori e le curve della pressione arteriosa registrate in maniera incruenta, mediante tonometria transcutanea, sono esattamente sovrapponibili a quelle registrate con metodica cruenta, mediante catetere intraarterioso.

Inoltre la semplicità di esecuzione dell'esame permette di valutare in maniera non invasiva tutti quei distretti arteriosi in cui l'arteria decorre superficiale e in cui si rende possibile la sua compressione contro le strutture sottostanti, cioè a livello dell'arteria carotide, brachiale, radiale, femorale, tibiale posteriore, pedidia.

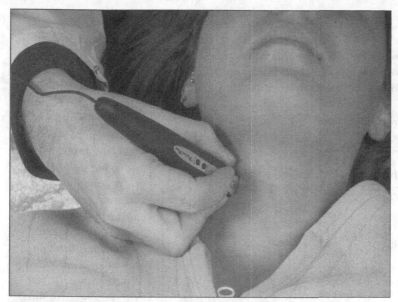

Fig. 8.8 Tonometria carotidea (tonometro PulsePen)

Analizziamo ora le metodiche incruente con cui è possibile acquisire la curva pressoria centrale, corrispondente alla curva di pressione in aorta ascendente.

Esistono due modalità, entrambe ben validate e affidabili per registrare la curva pressoria centrale: un metodo diretto e un metodo indiretto.

Tralasciamo qui di citare altre metodiche che pretendono di misurare la pressione centrale su distretti periferici, generalmente utilizzando sistemi oscillometrici. In questi ultimi anni, infatti, sono stati commercializzati strumenti sempre più semplici, utilizzabili senza bisogno di alcuna formazione del personale, ma privi di rigore scientifico e metodologico. Purtroppo si tratta spesso di operazioni commerciali, con modelli e algoritmi privi di solide basi scientifiche, la cui giustificazione scientifica passa attraverso una serie di aggiustamenti e algoritmi del tipo: "A" è in relazione con "B", "B" è simile a "C", "C" è indicativo di "D", quindi "D" è in grado di definire "A", il che è inaccettabile dal punto di vista scientifico.

8.1.1 Metodo diretto: acquisizione della pressione centrale in carotide

È stato ampiamente dimostrato che la morfologia dell'onda di pressione a livello dell'aorta ascendente è analoga a quella registrata sulla carotide comune, per cui l'esecuzione diretta della tonometria in carotide appare un sistema semplice e riproducibile per registrare la pressione centrale. Inoltre la carotide è di regola ben accessibile e superficiale. Questo metodo è utilizzato dal PulsePen® (DiaTecne srl, Milano).

La validità della tonometria arteriosa transcutanea nell'acquisire la curva pressoria centrale (aortica) si basa su due principi, entrambi ampiamente verificati e validati.

Il **primo principio** *riguarda la sovrapponibilità delle onde sfigmiche registrate dalla tonometria transcutanea a quelle registrate mediante cateteri-*

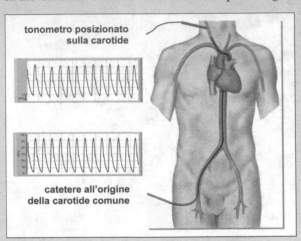

Fig. 8.9 Confronto tra segnale pressorio registrato in carotide con tonometro transcutaneo e segnale pressorio registrato all'origine della carotide comune in maniera invasiva

smo. Nel corso di alcune sedute di emodinamica, mentre un catetere inserito all'origine della carotide comune registrava la curva pressoria, veniva effettuata contemporaneamente anche una tonometria carotidea transcutanea: le due curve sono risultate assolutamente sovrapponibili (Fig. 8.9). Tuttavia la modalità più corretta per confrontare due curve periodiche è l'analisi delle prime armoniche che compongono la curva: è noto che già l'analisi delle prime sei armoniche definisce in maniera accurata la curva pressoria. L'analisi di ciascuna armonica ha confermato che le due curve, registrate in maniera non cruenta e cruenta, sono perfettamente sovrapponibili (Fig. 8.10).

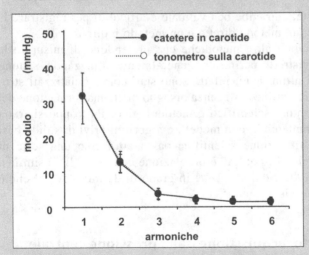

Fig. 8.10 Risultato dell'analisi di Fourier sulle prime sei armoniche della curva pressoria registrato in carotide con tonometro transcutaneo e la curva pressoria registrata all'origine della carotide comune in maniera invasiva

Il **secondo principio** *si basa sul fatto che le onde sfigmiche registrate in carotide sono analoghe a quelle registrate in aorta ascendente. Mentre*

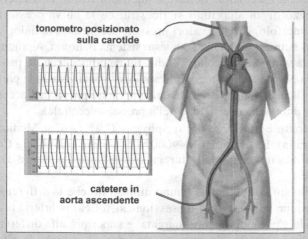

Fig. 8.11 Confronto tra segnale pressorio registrato in carotide con tonometro transcutaneo e segnale pressorio registrato in aorta ascendente in maniera invasiva

un catetere posizionato in aorta ascendente registrava la curva pressoria, veniva effettuata contemporaneamente anche una tonometria carotidea transcutanea: le due curve sono risultate pressoché sovrapponibili (Fig. 8.11). Anche l'analisi delle prime sei armoniche non ha rilevato che una leggerissima differenza, non significativa, nella prima armonica della curva pressoria (Fig. 8.12). La differenza tra i valori pressori delle due curve è risultata comunque inferiore a 5 mmHg.

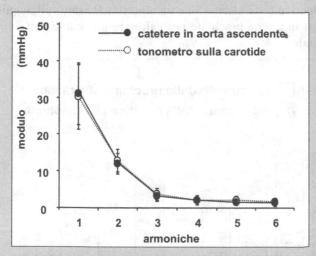

Fig. 8.12 Risultato dell'analisi di Fourier sulle prime sei armoniche della curva pressoria registrato in carotide con tonometro transcutaneo e la curva pressoria registrata in aorta ascendente in maniera invasiva

8.1.2 Metodo indiretto: funzione di trasferimento

Questo metodo si basa sull'esecuzione della tonometria a livello dell'arteria radiale; quindi per mezzo di un algoritmo si ricostruisce la curva pressoria centrale a partire dalla morfologia e dai valori pressori dell'arteria radiale.

Non pochi ricercatori nutrono seri dubbi su questo sistema indiretto, soprattutto nelle fasi estreme della vita o in particolari condizioni emodinamiche. In particolare viene da chiedersi perché andarsi a complicare la vita analizzando la pressione radiale quando, nella maggior parte dei casi, risulta molto più facile l'accesso alla carotide (metodo diretto di acquisizione della pressione centrale).

Questo metodo indiretto è utilizzato dallo SphygmoCor® (AtCor Medical Pty Ltd., Sydney, Australia). L'Omron HEM-9000AI® (Omron Healthcare Co. Ltd., Kyoto, Japan), utilizza invece modelli di regressione lineare a partire dall'onda pressoria radiale.

Recenti risultati dello studio Asklepios hanno dimostrato che la differenza di pressione tra la pressione pulsatoria (e la pressione sistolica) in arteria brachiale e in arteria radiale è particolarmente marcata, e superiore alla differenza presente tra la pressione centrale e la pressione in arteria brachiale. In altre parole: il fenomeno dell'amplificazione della pressione è più accentuato nel segmento arterioso brachio-radiale che nel tratto aorto-axillo-brachiale (Fig. 8.13). Questi dati mettono in forte discussione un algoritmo basato sull'acquisizione dei dati pressori in arteria brachiale per calibrare una curva pressoria acquisita in arteria radiale.

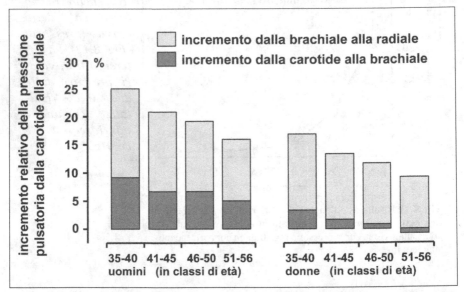

Fig. 8.13 Amplificazione della pressione pulsatoria tra carotide e arteria brachiale (*parte scura delle colonne*) e tra arteria brachiale e radiale (*parte chiara delle colonne*). L'insieme della parte chiara e scura della colonna definisce l'amplificazione pressoria tra carotide e arteria radiale. I dati sono relativi a soggetti di sesso maschile (*a sinistra*) e femminile (*a destra*) (risultati dell'Asklepios Study, modificato da: Segers e coll., Hypertension, 2009)

8.1.3 Limite della tonometria transcutanea: la calibrazione del segnale pressorio

Il principale limite della tonometria da appiattimento è l'incapacità a fornire valori assoluti di pressione arteriosa.

Il tonometro infatti è in grado di determinare i valori della pressione pulsatoria, ma non fornisce i valori esatti della pressione sistolica e diastolica. Questi vengono desunti partendo dal presupposto, oramai ampiamente dimostrato, che la pressione arteriosa media resta invariata dall'aorta alle arterie periferiche e anche la diastolica resta pressoché immutata (tende a ridursi solo in maniera trascurabile, meno di 1 mmHg, dal centro alla periferia). È quindi sempre necessaria una calibrazione della curva pressoria centrale sui valori della pressione arteriosa brachiale.

Come si ottengono dunque i valori effettivi di pressione arteriosa sulla curva pressoria centrale?

Contemporaneamente all'esecuzione della tonometria transcutanea si acquisisce il valore della pressione arteriosa a livello brachiale con metodica standard, mediante sfigmomanometro validato. Dai valori pressori di sistolica e diastolica viene calcolata quindi la pressione arteriosa media (Fig. 8.14).

Dal momento che la pressione arteriosa media e la diastolica sono uguali al centro e alla periferia, anche la differenza tra pressione media e pressione diastolica sarà costante.

Si determina quindi la media dei valori dell'onda sfigmica centrale, mediante il calcolo dell'integrale della curva. Abbiamo quindi il valore in mmHg della differenza tra pressione media e diastolica e il numero di bit corrispondenti a questo valore. A questo punto è sufficiente fare un'equivalenza per trovare il valore in mmHg della pressione arteriosa sistolica centrale:

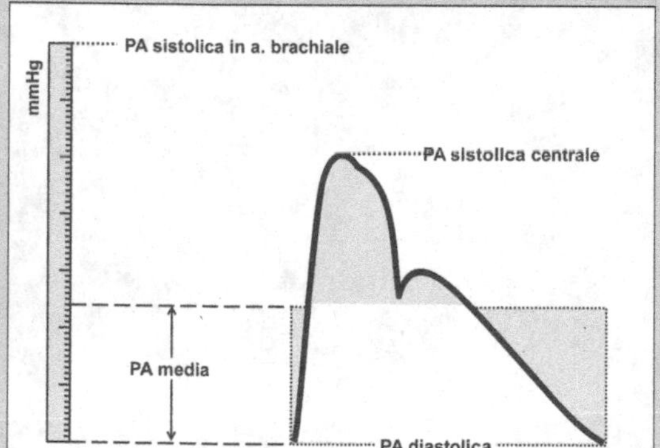

Fig. 8.14 Calibrazione della pressione arteriosa (*PA*) centrale a partire dalla pressione registrata in arteria brachiale (*colonna a sinistra*). La pressione arteriosa media è definita dall'integrale della curva pressoria centrale (*parte destra della figura*)

$$\frac{\textit{bit corrispondenti alla PA media}}{\textit{PA media in mmHg}} = \frac{\textit{bit corrispondenti alla PA sistolica centrale}}{\textit{PA sistolica centrale in mmHg}}$$

La calibrazione della curva pressoria rappresenta una garanzia per una corretta esecuzione della tonometria arteriosa, infatti rende la tonometria libera da tutte quelle variabili che possono alterare l'esame, come la pressione esercitata dall'operatore sulla sonda al momento di rilevare il segnale pressorio, e i fattori anatomici, come la profondità dell'arteria. Inoltre la valutazione della curva pressoria e la definizione dei valori pressori avviene con un'analisi battito-battito della curva, eliminando in questo modo gli artefatti legati all'instabilità dell'offset di segnale secondario ai movimenti respiratori del paziente.

Per ovviare al problema legato alla scelta dell'algoritmo per definire la pressione arteriosa media a partire dalla pressione brachiale, il tonometro PulsePen dà la possibilità di definire il reale valore della pressione media a partire dall'integrale della curva tonometrica acquisita a livello dell'arteria brachiale.

8.2   Onde di polso

Riportiamo alcuni esempi di onde di polso registrate con tonometria da appiattimento sulla carotide (Figg. 8.15-8.32). L'osservazione di queste curve può essere utile a comprendere la grande variabilità della morfologia dell'onda pressoria centrale. A questo punto consigliamo una semplice esercitazione: guardate le curve pressorie e provate a calcolare per ciascuna il valore corrispettivo dell'*augmentation index* (AIx), dell'amplificazione della pressione pulsata (PPA) e del *form factor* (FF o indice di amplificazione, Ampl.Ix). Troverete le risposte esatte nella Tabella 8.1.

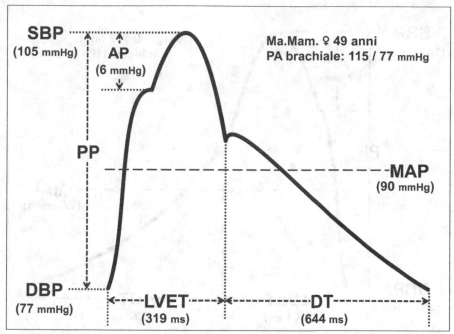

Fig. 8.15 Onda di polso. *AP* (*augmented pressure*), pressione incrementale; *DBP* (*diastolic blood pressure*), valori pressori della fase diastolica; *DT* (*diastolic time*), durata della fase diastolica; *LVET* (*left ventricular ejection time*), durata della fase sistolica; *MAP* (*mean arterial pressure*), pressione arteriosa media; *PP* (*pulse pressure*), pressione pulsatoria; *SBP* (*systolic blood pressure*), valori pressori della fase sistolica

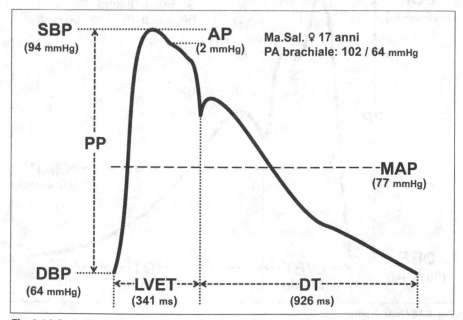

Fig. 8.16 Onda di polso

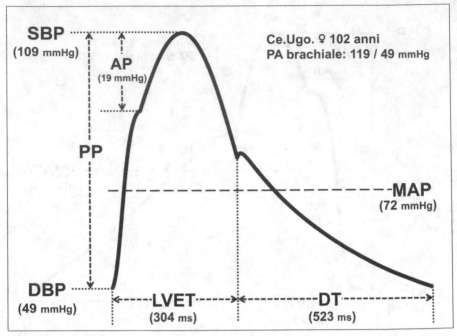

Fig. 8.17 Onda di polso

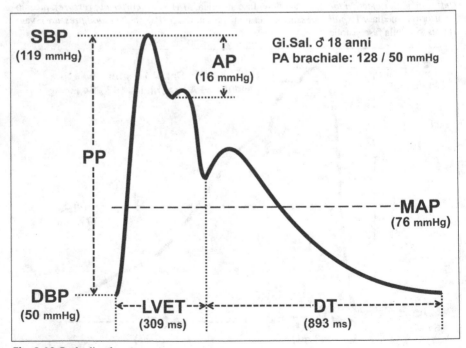

Fig. 8.18 Onda di polso

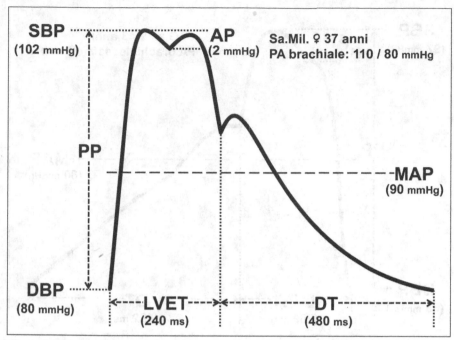

Fig. 8.19 Onda di polso

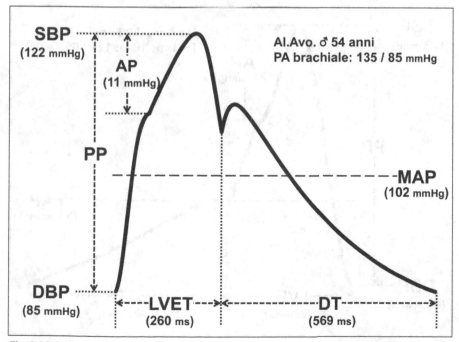

Fig. 8.20 Onda di polso

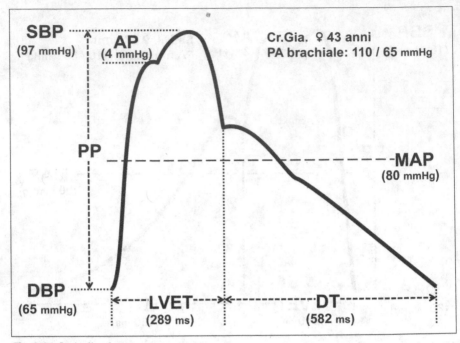

Fig. 8.21 Onda di polso

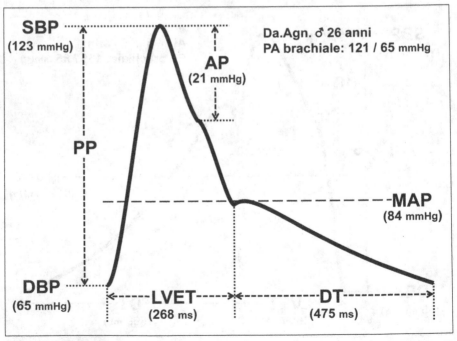

Fig. 8.22 Onda di polso

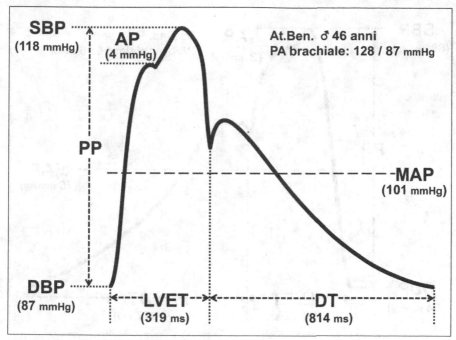

Fig. 8.23 Onda di polso

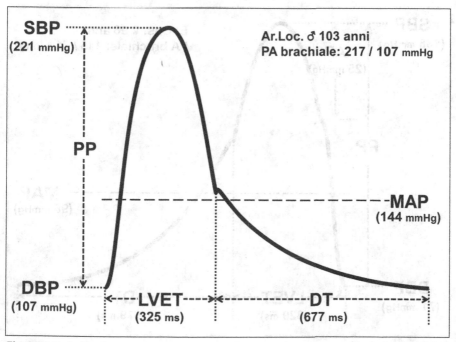

Fig. 8.24 Onda di polso

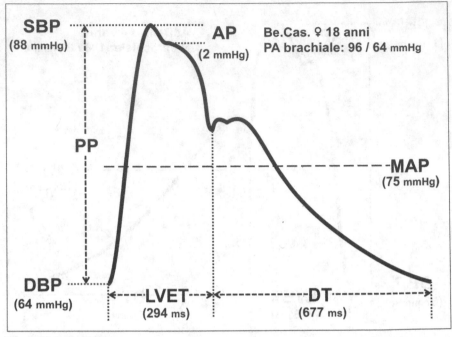

Fig. 8.25 Onda di polso

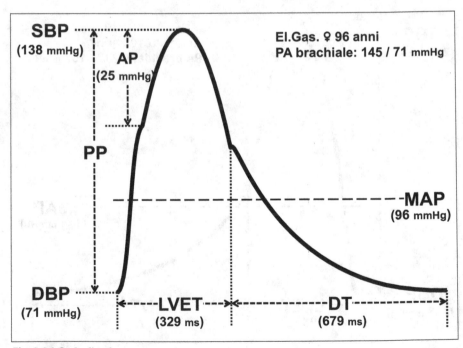

Fig. 8.26 Onda di polso

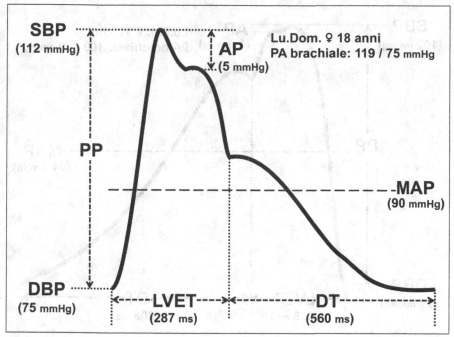

Fig. 8.27 Onda di polso

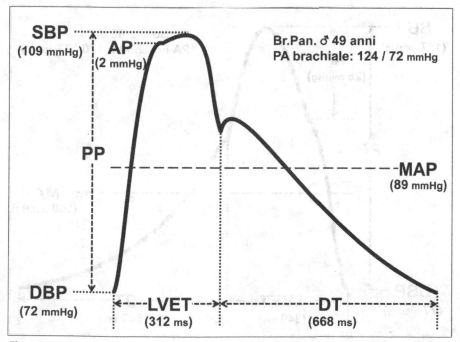

Fig. 8.28 Onda di polso

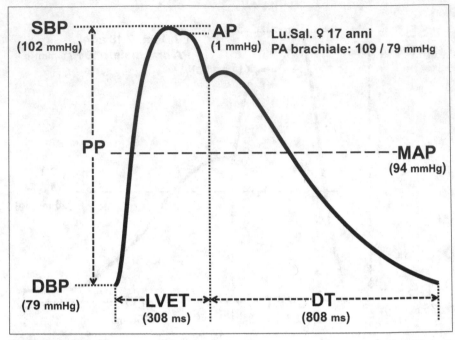

Fig. 8.29 Onda di polso

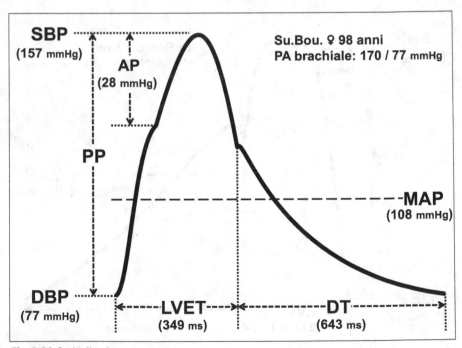

Fig. 8.30 Onda di polso

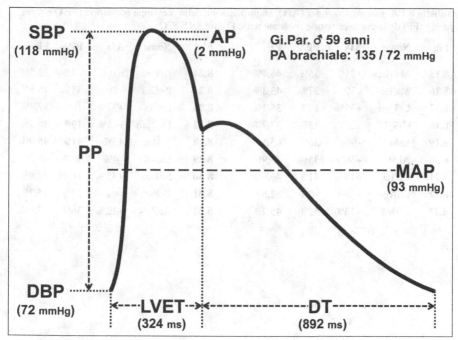

Fig. 8.31 Onda di polso

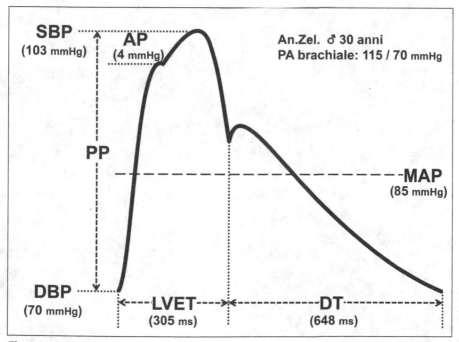

Fig. 8.32 Onda di polso

Tabella 8.1 *Augmentation index* (AIx), amplificazione della pressione pulsatoria (PPA) e *form factor* (FF) delle curve pressorie mostrate nelle Figure 8.15-8.32

Fig.	Nome	AIx	PPA	FF	Fig.	Nome	AIx	PPA	FF
8.15	MaMam	+21%	36%	46,4%	8.24	ArLoc	n.d.	–4%	32,5%
8.16	MaSal	–7%	27%	43,3%	8.25	BeCes	–8%	33%	45,8%
8.17	CeUgo	+32%	17%	38,3%	8.26	ElGas	+37%	10%	37,3%
8.18	GiSal	–23%	13%	37,7%	8.27	LuDom	–14%	19%	40,5%
8.19	SaMil	–9%	36%	45,5%	8.28	BrPan	+5%	41%	45,9%
8.20	AlAvo	+30%	35%	45,9%	8.29	LuSal	–4%	30%	65,2%
8.21	CrGia	+13%	41%	46,9%	8.30	SuBou	+35%	16%	38,8%
8.22	DaAgn	–36%	–3%	32,8%	8.31	GiPar	–4%	37%	45,7%
8.23	AtBen	+13%	32%	45,2%	8.32	AnZel	+12%	36%	45,5%

Strumenti per l'analisi dell'onda pressoria e la misura della velocità dell'onda di polso

9

In questi ultimi anni si sono moltiplicate le proposte commerciali di strumenti per la determinazione della rigidità vascolare e per l'acquisizione della curva di pressione arteriosa centrale. Si ha purtroppo l'impressione che il principale obiettivo delle ditte produttrici sia quello di fornire apparecchiature operatore-indipendenti, di rapida esecuzione, mettendo in secondo piano l'accuratezza della misura o la solidità scientifica degli algoritmi utilizzati. Questa ricerca di semplificazione ha portato anche alla progettazione di strumenti fantasiosi, estremamente semplici da usare, ma senza alcuna base scientifica. Bisogna quindi sapersi districare tra le varie proposte commerciali, avendo ben presente la scala di valori secondo la quale operare le scelte opportune. Personalmente mettiamo al primo posto l'affidabilità scientifica del dato acquisito, quindi il costo e infine la facilità di esecuzione. Si vuole qui ricordare come non sempre il prezzo sia indicativo della qualità del prodotto e che, soprattutto per gli apparecchi medicali, sono la rete di vendita e i sistemi di promozione che contribuiscono a far lievitare i prezzi.

Riportiamo di seguito i dati relativi ad alcuni degli strumenti in commercio utilizzati per la misura della velocità dell'onda di polso (PWV) e per la determinazione della pressione centrale (Tabella 9.1). Questa vuole essere solo una semplice guida per chi desidera iniziare a occuparsi direttamente delle tematiche inerenti alla rigidità vascolare.

Non sono stati presi in considerazione quegli strumenti che pretendono di misurare la velocità dell'onda di polso acquisendo contemporaneamente l'onda di pressione a livello del braccio e della caviglia (o della coscia), ottenendo la cosiddetta *brachial-ankle PWV*. Anche se si tratta di metodiche di facile esecuzione e operatore-indipendente, tuttavia, considerata la complessità del sistema vascolare, queste misure non sono in grado di fornire un'accurata valutazione dello stato di rigidità dell'aorta.

Tabella 9.1 Strumenti in commercio per la determinazione della velocità dell'onda di polso (PWV) e lo studio della pressione arteriosa centrale

Strumento	Produttore	PWV	Pressione centrale
Arteriograph®	TensioMed Ltd	-	(+)
CardioMon®	Medifina	-	(+)
Complior®	Alam Medical	+	(+)
Mobil-O-Graph®	IEM	-	(+)
Omron HEM-9000AI®	Omron Healthcare Co. Ltd	-	(+)
PulsePen®	DiaTecne srl	+	+
SphygmoCor®	AtCor Medical Pty Ltd	+	+
VaSera®	Fukuda Denshi Co. Ltd	(+)	-
Vicorder®	Skidmore Medical Ltd	+	-

+, strumento validato; (+), necessitano ulteriori verifiche.

9.1 Alcuni strumenti attualmente sul mercato

9.1.1 Complior® (Alam Medical, Vincennes, Francia - www.complior.com)

Capostipite degli strumenti utilizzati per calcolare la velocità di trasmissione dell'onda di polso, ha dominato incontrastato il mercato per anni. Poi, la commercializzazione di sistemi in grado di acquisire contemporaneamente la PWV e la pressione centrale ne ha determinato un rapido declino, fino al fallimento di Artech Medical, la prima casa produttrice. Dopo lunghi mesi di eclissi, il marchio è stato acquisito da Alam Medical, che ne sta tentando un difficile rilancio.

Il modello recentemente messo in commercio, il Complior Analyse, utilizza due sensori piezoelettrici, da posizionare sulla carotide e sulla femorale, in grado di registrare la curva relativa alle variazioni della pressione arteriosa.

Il punto di forza del Complior è sicuramente il nome "storico"; infatti è grazie agli studi effettuati con questo strumento che è stato sancito il valore della misurazione della velocità dell'onda di polso come fattore prognostico indipendente per la patologia cardiovascolare. Anche il *cut-off* di 12 m/s, rilanciato dalle linee guida della Società Europea dell'Ipertensione Arteriosa, derivava da questi primi studi. La contemporaneità dell'acquisizione del segnale centrale e periferico è il principale elemento positivo di questo strumento.

9.1.2 Vicorder® (Skidmore Medical Ltd, Bristol, United Kingdom - www.skidmoremedical.com)

Analogamente al Complior, il Vicorder è uno strumento concepito per misurare la velocità dell'onda di polso.

Il Vicorder propone un originale sistema per determinare la velocità dell'onda di polso carotido-femorale: sul collo del paziente viene posizionato un collare con inserito un sensore fotopletismografico, in grado di registrare l'onda sfigmica carotidea; un secondo bracciale, del tutto analogo ai bracciali tradizionali utilizzati per misurare la pressione arteriosa viene posizionato alla radice della coscia. Il sistema è sicuramente interessante, tuttavia non è ben chiara la modalità di misura della distanza e il rapporto tra i valori di PWV acquisiti con questo sistema e quelli acquisiti con gli altri strumenti che utilizzano metodi e algoritmi codificati e validati.

9.1.3 VaSera® (Fukuda Denshi Co. Ltd, Tokio, Japan - www.fukuda.com)

La Fukuda propone il CAVI (*cardio-ankle vascular index*) come indice per misurare la rigidità vascolare. Diversamente dagli strumenti che utilizzano il sistema *brachial-ankle PWV*, il VaSera, per definire la velocità dell'onda di polso, utilizza la registrazione dei toni cardiaci come punto di riferimento centrale. Come punto di acquisizione periferico è usato un bracciale posizionato a livello della caviglia, che registra l'onda di polso con metodo oscillometrico. Questo sistema registra quindi la distensibilità dell'intero segmento composto da aorta, iliaca, femorale e tibiale. Anche in questo caso, come nei sistemi *brachial-ankle PWV*, oltre all'aorta è considerato anche l'asse arterioso periferico dell'arto inferiore, e questo può portare a un'imprecisa definizione della distensibilità aortica. Per questo strumento sono necessari ulteriori processi di validazione.

9.1.4 SphygmoCor® (AtCor Medical Pty Ltd, West Ryde, Australia - www.atcormedical.com)

Questo sistema è costituito da un tonometro e da un elettrocardiografo, e la determinazione della velocità dell'onda di polso avviene in due tempi, avendo il complesso QRS dell'ECG come punto di riferimento.

È forse lo strumento più venduto al mondo, grazie a una capillare rete di vendita e a una accorta campagna pubblicitaria.

Lo SphygmoCor (Modello CPV) rappresenta un valido strumento per la definizione della velocità dell'onda di polso. Questo dispositivo utilizza un tonometro Millar e l'algoritmo utilizzato per calcolare il tempo di transito delle onde pressorie si basa sulla definizione del piede dell'onda pressoria, che è attualmente considerato il *gold standard* per il calcolo della velocità dell'onda di polso.

La curva di pressione centrale e i valori pressori in aorta ascendente vengono definiti per mezzo di una funzione di trasferimento (*transfer function*), a partire dall'analisi della curva pressoria radiale. La curva radiale è calibrata sui valori di pressione arteriosa misurata con metodica standard sull'arteria brachiale.

Lo SphygmoCor acquisisce un segnale ogni 8 millisecondi circa (la frequenza di campionamento dichiarata è di 128 Hz). La bassa frequenza di campionamento potrebbe rendere poco preciso il calcolo del tempo di transito dell'onda pressoria, ma con un bel lavoro di cosmesi la curva si presenta molto pulita, grazie a un processo di interpolazione.

Sfavorevole il rapporto qualità/prezzo a causa dell'elevato prezzo di vendita.

9.1.5   Omron HEM-9000AI® (Omron Healthcare Co. Ltd, Kyoto, Japan - www.omronhealthcare.com)

È questa la risposta della Omron Healthcare allo SphygmoCor per la determinazione della pressione centrale e dell'*augmentation index*. Analogamente allo SphygmoCor la curva di pressione centrale e i valori pressori in aorta ascendente vengono definiti a partire dall'analisi della curva pressoria radiale mediante tonometria da appiattimento. In questo caso viene applicato un algoritmo basato su un modello di regressione lineare che stima la pressione sistolica centrale a partire dall'incisura sistolica tardiva della morfologia dell'onda pressoria radiale. Anche per l'Omron HEM-9000AI la curva radiale è calibrata sui valori di pressione arteriosa misurata con metodica standard sull'arteria brachiale.

Questo strumento non è in grado di determinare la velocità dell'onda di polso carotido-femorale (PWV aortica).

9.1.6   PulsePen® (DiaTecne Srl, Milano, Italia - www.pulsepen.com - www.diatecne.com)

DiaTecne è una società che ha come obiettivo lo sviluppo della ricerca scientifica nel campo dell'emodinamica vascolare. La filosofia di questa società è di creare strumenti ad alta tecnologia ed elevata affidabilità, ma anche a ridotto prezzo di vendita, per permettere un vasto utilizzo delle metodiche diagnostiche e una diffusa applicabilità nella pratica clinica quotidiana.

Il PulsePen è presente sul mercato con due modalità di acquisizione della velocità dell'onda di polso (PWV): (a) due tonometri, per l'acquisizione simultanea in carotide e femorale; (b) un tonometro + un ECG, per l'acquisizione della PWV in due tempi (in questo caso è sufficiente un solo operatore).

L'algoritmo utilizzato nella determinazione della velocità dell'onda di polso è analogo a quello implementato nello SphygmoCor, ma la curva di pressione centrale e i valori pressori centrali vengono acquisiti direttamente a partire dall'analisi della curva pressoria carotidea. Il segnale tonometrico non è filtrato, la frequenza di campionamento del nuovo PulsePen è di 1 KHz (acquisisce cioè un segnale ogni millisecondo), con definizione della curva a 16 bit, non interpolata. L'apparecchio è di dimensioni molto ridotte, tascabile. La sonda è molto resistente agli urti e alle cadute accidentali.

Per il PulsePen il rapporto qualità/prezzo è particolarmente favorevole. Pur in presenza di un'alta tecnologia e di componenti di elevata qualità e precisione ha un prezzo di vendita molto basso, giustificato dall'assenza di una rete di vendita sul territorio, elemento che, per gli elettromedicali, contribuisce a far lievitare il costo degli apparecchi scientifici. Viene quindi preferita la vendita su Internet, fornendo all'acquirente un DVD di installazione e utilizzo esplicativo in ogni minimo dettaglio e garantendo un'assistenza rapida e puntuale.

Il PulsePen è stato progettato con un occhio particolare alla ricerca clinica e per facilitarne l'impiego in studi multicentrici. I dati acquisiti sono esportabili direttamente in file Excel. Inoltre le curve sono acquisibili ed esportabili in formato ASCII, il che lo rende un apparecchio utilizzabile anche in poligrafia associato ad altre strumentazioni cliniche e di ricerca.

Il prezzo molto ridotto di questo apparecchio è anche il suo punto debole: il professionista (9 su 10) ritiene che "... se il PulsePen è 3-4 volte meno caro degli altri apparecchi, vuole dire che è meno affidabile e dà meno garanzie di assistenza e precisione ..." e alla fine di questo ragionamento decide di... acquistare altri apparecchi più cari, sovente meno affidabili e meno performanti.

9.1.7 ARCSolver®, Austrian Institute of Technology, Vienna, Austria
- CardioMon® (Medifina, Vienna, Austria - www.medfina.com)
- Mobil-O-Graph® (IEM, Stolberg, Germany - www.iem.de)

Il metodo proposto nell'ARCSolver per determinare la pressione centrale e l'*Augmentation Index* è basato sull'acquisizione della pressione arteriosa sull'arteria brachiale, con metodica oscillometrica, con un comune bracciale per la pressione. L'onda di polso in arteria brachiale viene registrata a livello della pressione diastolica per circa 10 secondi, grazie a un sensore di pressione MPX5050 (Freescale Inc., Tempe, AZ, Stati Uniti). L'onda di pressione aortica è ricostruita grazie a una funzione di trasferimento.

Questo sistema necessita di ulteriori approfonditi studi di validazione, essendo alquanto discutibili le ipotesi fisiologiche di partenza. Attualmente l'ARCSolver è stato implementato sul CardioMon e sul Mobil-O-Graph.

9.1.8 Arteriograph® (TensioMed Ltd, Budapest, Hungary - www.tensiomed.com)

Anche questo strumento si prefigge di determinare la pressione centrale e l'*Augmentation Index* basandosi sull'acquisizione della pressione arteriosa in arteria brachiale, con metodica oscillometrica.

Sono necessari ulteriori approfonditi studi di validazione, essendo anche per l'Arteriograph alquanto discutibili le ipotesi fisiologiche di partenza, e gli studi di comparazione con altre metodiche attualmente in uso hanno fornito fino ad ora dati contrastanti.

9.1.9   PulseTrace® (CareFusion 232 Ltd, Chatham Maritime, UK - www.micromedical.co.uk)

Il PulseTrace propone una serie di indici derivati dal *digital volume pulse* (DVP), un sistema di analisi dell'onda pletismografica, acquisita sul polpastrello delle dita della mano. L'altezza della componente diastolica del DVP viene messa in relazione all'ammontare dell'onda riflessa e il ritardo della componente diastolica rispetto alla componente sistolica sarebbe un indice (*stiffness index*) correlato alla velocità dell'onda di polso nell'aorta e nelle grandi arterie.

Tuttavia studi di comparazione hanno accertato che lo *stiffness index* determinato dal PulseTrace non può essere considerato un indice analogo o utilizzabile in sostituzione della velocità dell'onda di polso aortica.

9.2   La "favola" delle validazioni

In questi ultimi anni abbiamo assistito al moltiplicarsi di proposte commerciali di strumenti per la determinazione non invasiva della pressione arteriosa centrale. Anche alcune multinazionali sono scese in campo, tuttavia le basi teoriche di alcuni dispositivi commercializzati sono molto fantasiose, prive di un qualsiasi fondamento fisico o fisiologico. Spesso questi strumenti vengono offerti corredati da ampi studi di validazione o confronti con altri strumenti già precedentemente validati.

L'appropriatezza di tali studi va comunque riconsiderata.

Vorremmo sottolineare come spesso questi studi portino a dei risultati di "pseudo-validazione" dello strumento analizzato. Chi scrive vuole racconta una favola:

"Il signor Ming-Lu un bel giorno si reca nella vicina farmacia e acquista un semplicissimo misuratore della pressione arteriosa, validato, del costo di circa 80 €. Il signor Ming-Lu è un bravo tecnico elettronico, e con poca spesa modifica il display dello sfigmomanometro, in modo che, oltre agli abituali valori della pressione brachiale, possa indicare anche il valore della pressione arteriosa centrale. Apporta anche altre modifiche secondarie, quali ad esempio una modifica del manicotto, con posizionamento di falsi sensori.
Programma quindi lo strumento in modo che indichi i valori di pressione centrale in base a una formula che tenga conto unicamente della pressione sistolica brachiale e della frequenza cardiaca, secondo un algoritmo ricavato da formule di regressione lineare, acquisite in studi sul rapporto tra amplificazione pressoria e frequenza cardiaca. Il signor Ming-Lu sa bene infatti che la frequenza cardiaca è uno dei parametri che

maggiormente influenza l'amplificazione della pressione arteriosa, quindi la differenza tra il valore della pressione sistolica brachiale e la pressione sistolica centrale, aortica.

Contatta un noto centro di ricerca internazionale e gli affida uno studio di validazione, confrontando i valori forniti dal suo strumento con i valori di pressione arteriosa sistolica acquisiti mediante cateterismo intraarterioso.

Lo studio di validazione non può che confermare la stretta correlazione tra la pressione sistolica calcolata con l'algoritmo di Ming-Lu e la pressione misurata con metodica gold standard.

Il signor Ming-Lu commercializza quindi il suo apparecchio al prezzo concorrenziale di 10 000 €, corredato di tutte le documentazioni scientifiche che attestano che si tratta di un apparecchio affidabile e validato dai più importanti centri di ricerca".

Certo, questa è una favola, senza alcun riferimento a personaggi e situazioni reali, ma siamo convinti che in essa siano presenti tutti i presupposti perché oggi possa realmente avverarsi. Purtroppo anche il protocollo di validazione meglio condotto può non essere in grado di smascherare questi falsi strumenti scientifici.

Partendo da questo presupposto, abbiamo voluto verificare se questo rischio potesse essere reale. Abbiamo analizzato quindi più di 3000 soggetti in cui era stata determinata contemporaneamente la pressione brachiale e la pressione centrale (con apparecchio realmente validato e affidabile); abbiamo provato ad applicare alla pressione sistolica brachiale una formula che tenesse conto della sola frequenza cardiaca, per ricavare i valori della pressione sistolica centrale. I risultati sono stati sorprendenti:

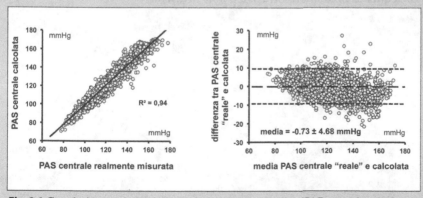

Fig. 9.1 Correlazione tra i valori di pressione arteriosa sistolica (*PAS*) centrale calcolata in base a una formula matematica sui valori della pressione brachiale e i valori di pressione arteriosa centrale misurata direttamente con metodica validata. *A sinistra* il grafico di regressione lineare, *a destra* l'analisi secondo il metodo di Bland-Altman. *Le linee tratteggiate* indicano la media e il doppio della deviazione standard

- *all'analisi in regressione semplice: $R^2 = 0,939$; $R = 0,969$;*
- *all'analisi secondo Bland-Altman (studio delle differenze tra i valori, in rapporto alle medie dei valori) sono emersi i seguenti dati: la differenza tra le medie dei due valori è risultata di 0,73 mmHg, mentre la deviazione standard delle differenze tra le due misure è stata di 4,68 mmHg, cioè il 95% dei soggetti presentava una differenza tra la pressione centrale reale e la pressione calcolata con formula matematica inferiore a 9,4 mmHg. Una correlazione eccellente tra i due valori di pressione arteriosa centrale (Fig. 9.1).*

Questi dati, ottenuti con una semplice formula matematica, applicata alla pressione periferica tenendo conto della sola frequenza, sono più performanti di quelli ottenuti in molti veri studi di validazione.

Occhio dunque alle bufale! Non è più possibile accettare validazioni di strumenti che definiscono la pressione centrale tenendo conto solo del risultato (in questo caso del valore della pressione sistolica centrale). Sono troppo alti gli interessi commerciali e l'assenza di scrupoli da parte dei costruttori.

Piuttosto che eseguire pseudo-validazioni, confrontando varie metodiche, sulla base dei valori pressori ottenuti, sarebbe necessario anzitutto verificare la validità scientifica (fisica e/o fisiologica) dei sistemi proposti per misurare la pressione centrale (come per la velocità dell'onda di polso); è a questo livello che andrebbe attuato un vero e serio processo di validazione. Solo dopo aver accertato senza ombra di dubbio l'affidabilità della metodica si può procedere a validazioni *versus* sistema *gold standard*. Inoltre la validazione degli strumenti in grado di determinare la pressione arteriosa centrale dovrebbe incentrarsi sull'analisi della curva pressoria, confrontando le prime armoniche delle curve acquisite in maniera invasiva e non invasiva.

Velocità dell'onda di polso e pressione centrale in animali da laboratorio

10

Fino a qualche anno fa la velocità dell'onda di polso sugli animali da laboratorio (topolini, ratti, conigli ecc.) veniva misurata con metodiche invasive. Si procedeva cioè all'isolamento chirurgico dell'arteria (carotide e femorale), quindi si incannulava l'arteria, inserendo i cateteri per rilevare la pressione intraarteriosa. I segnali carotidei e femorali erano acquisiti simultaneamente, e veniva quindi calcolato il ritardo di trasmissione dell'onda di polso. Questo procedimento chirurgico portava però alla morte del piccolo animale, che alla fine era sezionato per misurare le distanze tra i due cateteri. Veniva così calcolata la velocità di trasmissione dell'onda di polso

Il principale problema di questo procedimento è rappresentato dall'impossibilità di eseguire veri studi longitudinali per valutare la distensibilità vascolare.

In verità gli studi longitudinali sui piccoli animali sono particolarmente interessanti perché, considerata la loro breve vita, pochi mesi di vita corrispondono a decenni di vita nell'uomo. Per questo, anche con controlli a distanza di poche settimane (per esempio, dopo dieta prefissata o assunzione di farmaci) si possono documentare importanti azioni trombogene o modifiche delle proprietà viscoelastiche delle arterie. L'interesse viene ulteriormente accentuato dalla disponibilità di particolari ceppi di ratti che simulano specifiche condizioni patologiche nell'uomo, per esempio i ratti spontaneamente ipertesi (*spontaneously hypertensive rats*, SHR), utilissimi nella valutazione delle dinamiche del rischio cardiovascolare e nella valutazione dei farmaci antipertensivi, o i ratti Zucker, obesi, che simulano una condizione analoga a una severa sindrome metabolica.

Recentemente è stato validato uno strumento, il PulsePenLab (DiaTecne srl, Milano), derivato dal tonometro PulsePen (regolarmente utilizzato nella pratica clinica sull'uomo), specificatamente ideato per lo studio della pressione centrale e per l'acquisizione della velocità dell'onda di polso sui piccoli animali di laboratorio (Fig. 10.1).

Fig. 10.1 Tonometria arteriosa incruenta e determinazione della velocità dell'onda di polso carotido-femorale su ratto spontaneamente iperteso. Tonometro PulsePenLab

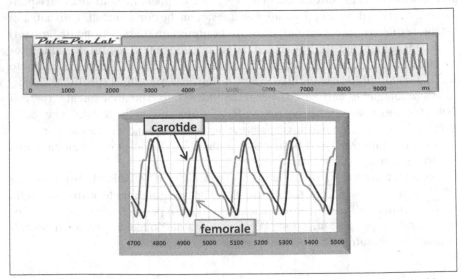

Fig. 10.2 Curva pressoria registrata in maniera non-invasiva, contemporaneamente in carotide e femorale con tonometro arterioso PulsePenLab, su ratto spontaneamente iperteso

In considerazione dell'elevata frequenza cardiaca dei ratti (che in media si aggira tra 350 e 400 battiti/min) la frequenza di campionamento del tonometro tradizionale è stata portata a 1 KHz, ed è stata migliorata la definizione del segnale (16 bit). È stata modificata la sonda, riducendone la superficie di contatto, aumentandone notevolmente la sensibilità. Il PulsePenLab utilizza due tonometri in grado di acquisire contemporaneamente l'onda pressoria carotidea e femorale o caudale (Fig. 10.2).

Dunque, grazie a questo strumento, la velocità dell'onda di polso e la pressione arteriosa centrale possono essere ora determinate in maniera non invasiva, garantendo la possibilità di esecuzione di studi longitudinali su piccoli animali da laboratorio.

Informativa

L'autore del presente volume (Paolo Salvi, MD, PhD), specialista in medicina interna e in cardiologia, professore associato in medicina interna e geriatria all'Università di Nancy dal 2007 al 2010, attualmente svolge l'attività di ricerca nell'IRCCS Istituto Auxologico Italiano di Milano.

Da più di trenta anni si occupa, nell'attività clinica e di ricerca, di problemi vascolari e di ipertensione arteriosa; inizialmente sviluppando tematiche inerenti il microcircolo, dedicandosi successivamente anche allo studio del ruolo che hanno le grandi arterie nel condizionare la pressione arteriosa. L'autore ha partecipato a diversi studi e trial clinici che comprovavano la rilevanza prognostica degli indici relativi alla rigidità arteriosa e l'importanza di un impiego clinico routinario degli strumenti per lo studio della meccanica delle grandi arterie. Tuttavia l'elevato costo degli apparecchi in commercio rischiava di relegare queste valutazioni cliniche a pochi centri di ricerca universitari.

Insieme all'amico ingegner Giuseppe Lio l'autore ha quindi iniziato a sviluppare un tonometro che avesse due caratteristiche fondamentali: 1) una elevata affidabilità, corrispondente ai principi della fisica e della fisiologia, costruito con componenti tecnologiche di alta qualità, validato con metodi invasivi e verificato in laboratorio con strumenti di precisione; 2) un ridotto prezzo di vendita, che potesse permetterne un utilizzo diffuso anche agli ambulatori specialistici, pubblici o privati, di paesi industrializzati, in via di sviluppo o del terzo mondo.

Nel 2002 veniva presentato il brevetto del nuovo tonometro chiamato PulsePen e nel 2004 veniva costituita la società DiaTecne s.r.l. che si sarebbe occupata della produzione e della commercializzazione del tonometro. In questi anni l'autore ha collaborato con passione allo sviluppo e alla diffusione di questo strumento, verificando giornalmente che si mantenesse un'assoluta fedeltà alle premesse iniziali.

Letture consigliate

Il libro
Nichols WW, O'Rourke MF, Vlachopoulos C (2011) McDonald's blood flow in arteries: theoretical, experimental and clinical principles, 6 edn. Hodder Arnold Publishers, London

rappresenta la pietra miliare nello studio del rapporto tra emodinamica vascolare e proprietà meccaniche delle grandi arterie e la sua lettura è fortemente consigliata, anche se in alcune sue parti è estremamente complesso, più comprensibile a fisici e a ingegneri, piuttosto che a medici.

Vengono elencati di seguito, in ordine cronologico, solo alcuni elementi bibliografici, utili per un'ulteriore approfondimento delle tematiche trattate in questo libro. Si tratta di brani scelti, alcuni sono articoli "storici", altri sono pubblicazioni citate nel testo o di cui si raccomanda la lettura agli operatori che si apprestano allo studio della meccanica delle grandi arterie.

Mahomed FA (1872) The physiology and clinical use of the sphygmograph. Med Times Gazette 1:62

Bramwell JC, Hill AV (1922) Velocity of transmission of the pulse-wave and elasticity of the arteries. Lancet 1:891-892

Hallock P (1934) Arterial elasticity in man in relation to age as evaluated by pulse-wave velocity method. Arch Int Med 54:770-798

Buckberg GD, Fixler DE, Archie JP, Hoffman JIE (1972) Experimental subendocardial ischemia in dogs with normal coronary arteries. Circulation Research 30:67-81

Hoffman JIE, Buckberg GD (1974) Pathophysiology of subendocardial ischaemia. BMJ 1:76-79

Hoffman JIE, Buckberg GD (1975) The myocardial supply:demand ratio – A critical review. Am J Cardiol 41:327-332

Franklin SS, Khan SA, Wong ND, Larson MG, Levy D (1999) Is pulse pressure useful in predicting risk for coronary heart disease? The Framingham Heart Study. Circulation 100:354-360

Blacher J, Guerin AP, Pannier B, Marchais SJ, Safar ME, London GM (1999) Impact of aortic stiffness on survival in end-stage renal disease. Circulation 99:2434-2439

Salvi P, Lio G, Labat C, Ricci E, Pannier B, Bénétos A (2004) Validation of a new non-invasive portable tonometer for determining arterial pressure wave and pulse wave velocity: the PulsePen device. J Hypertens 22:2285-2293

Pannier B, Guerin AP, Marchais SJ, Safar ME, London G (2005) Stiffness of capacitive and conduit arteries: prognostic significance for end-stage renal disease patients. Hypertension 45:592-596

Laurent S, Cockcroft J, Van Bortel L, Boutouyrie P, Giannattasio C, Hayoz D, Pannier B, Vlachopoulos C, Wilkinson I, Struijker-Boudier H, on behalf of the European Network for Non-invasive Investigation of Large Arteries (2006) Expert consensus document on arterial stiffness: methodological issues and clinical applications. Eur Heart J 27:2588-2605

Alecu C, Labat C, Kearney-Schwartz A, Fay R, Salvi P, Joly L, Lacolley P, Vespignani H, Benetos A (2008) Reference values of aortic pulse wave velocity in elderly. J Hypertens 26:2207-2212

Joly L, Perret-Guillaume C, Kearney-Schwartz A, Salvi P, Mandry D, Marie PY, Karcher G, Rossignol P, Zannad F, Benetos A (2009) Pulse wave velocity assessment by external noninvasive devices and phase-contrast magnetic resonance imaging in the obese. Hypertension 54:421-426

Avolio AP, Van Bortel LM, Boutouyrie P, Cockcroft JR, McEniery CM, Protogerou AD, Roman MJ, Safar ME, Segers P, Smulyan H (2009) Role of pulse pressure amplification in arterial hypertension: experts' opinion and review of the data. Hypertension 54:375-383

Wilkinson IB, McEniery CM, Schillaci G, Boutouyrie P, Segers P, Donald A, Chowienczyk PJ, on behalf of the ARTERY Society (2010) ARTERY Society guidelines for validation of non-invasive haemodynamic measurement devices: Part 1, arterial pulse wave velocity. Artery Research 4:34-40

The Reference Values for Arterial Stiffness' Collaboration (2010) Determinants of pulse wave velocity in healthy people and in the presence of cardiovascular risk factors: 'establishing normal and reference values'. Eur Heart J 31:2338-2350

Salvi P, Safar ME, Labat C, Borghi C, Lacolleÿ P, Benetos A, PARTAGE study investigators (2010) Heart disease and changes in pulse wave velocity and pulse pressure amplification in the elderly over 80 years: the PARTAGE Study. J Hypertens 28:2127-2133

Reusz GS, Cseprekal O, Temmar M, Kis É, Bachir Cherif A, Thaleb A, Fekete A, Szabò AJ, Benetos A, Salvi P (2010) Reference values of pulse wave velocity in healthy children and teenagers. Hypertension 56:217-224

Benetos A, Salvi P, Lacolley P (2011) Blood pressure regulation during the aging process: the end of the "hypertension era"? J Hypertens 29:646-652